貓圖鑑

179

隻純種貓的特徵習性

劉銳／主編

前言

關於貓的祖先有兩種說法：一種認為其祖先是生活在中新世（約始於2300萬年前，終於533萬年前）的劍齒虎，這種虎堪稱貓科動物之最，牠的馬刀狀犬齒可長達35～45厘米；另一種則認為其祖先是生活在4000萬～5000萬年前的古貓獸，牠們生活在樹上。

人們熟悉的家貓大約在1萬年前就開始與人類接觸了，不過牠們完全被人類馴服則是在大約5000年前。據考察發現，最早開始有貓的地區是西亞和北非，最早開始養貓並奉貓為女神的是古埃及，歐洲是在十字軍東征後，才把貓帶回當地並逐漸繁育起來的。

無論是馴養還是野生的，貓這種動物的的確確已經吸引了人類數千年。不過，在這漫長的時間裏，人類與這些動物的關係曾經發生過翻天覆地的變化。人們曾經把牠們當作神明一樣崇拜，作為獵手一樣重視，也曾經把牠們視為惡魔一樣殺戮。然而不論如何，牠們最終生存了下來，並至今仍然為大多數人所迷戀。牠們常常被視為甜美、優雅、性感、神秘和力量的象徵，也成為諸多藝術家和作家特別喜愛的主題。

本書的宗旨是為飼養純種貓提供方法指導，為鑑別貓的品種提供指南，希望可以幫助讀者迅速成長為合格的養貓達人和鑑別品種的高手。書中精心篩選了36個品種179種純種貓，詳細介紹了每種貓的原產國、祖先、起源時間、外貌特徵、壽命、性格和飼養技巧等方面的內容。每個品種統一使用中文學名，方便讀者認識、查找。

本書是一本具有指導作用的圖鑑類書籍，書中為每隻貓配上多角度的高清晰彩色圖片，細緻描繪貓的各部位特徵，以圖鑑的形式展現，方便讀者辨認。部分品種的貓，其幼貓與成貓在外觀上有非常大的差異，本書對這些品種的幼貓外形進行了細緻的特徵描述，並配上幼貓和成年貓的對比圖片，為讀者提供直觀的參考。

此外，本書對每種貓的飼養、繁育都提供了詳細的建議，為讀者飼養不同品種的貓提供專業性的指導。讓讀者可以輕輕鬆鬆養出健康、漂亮的純種貓。在本書的編寫過程中，我們得到了一些專家的鼎力支持，在此表示感謝！由於編者水平和時間有限，書中難免存在一些不足，歡迎廣大讀者批評指正。

閱讀導航

本書根據貓的原產國所屬的大洲將內容分為3個部分：歐洲貓、亞洲貓和北美洲貓。全書共精心篩選了179種純種貓，詳細介紹了每種貓的起源、特徵、壽命、性格和飼養技巧等方面的內容，可以幫助讀者全面地了解貓。

品種名稱 ————————

英國短毛貓

介紹品種或品
種族群的歷史
和發展

英國短毛貓的祖先們可以說「戰功赫赫」，早在2000多年前的古羅馬帝國時期，牠們就曾跟隨凱撒大帝到處征戰。在戰爭中，牠們靠着超強的捕鼠能力，保護羅馬大軍的糧草不被老鼠偷吃，充分保障了軍需後方的穩定。從此，這些貓在人們心中得到了很高的地位。該品種貓體形短胖，但是非常英俊可愛，純色貓的需求量總是很大。

| 原產國：英國 | 品種：英國短毛貓 |
| 祖先：非純種短毛貓 | 起源時間：20世紀80年代 |

品種族群中按顏色和
（或）圖案分成不同
的顏色品種

該品種貓的外貌特徵
及其歷史和發展

該品種貓的飼養技巧
及繁育中的注意事項

詳細的圖注說明品種
特徵，部分幼貓與成
年貓區別較大的品種
配有幼貓圖片

淡紫色貓

目前這個顏色品種正屬培育階段，用英國短毛貓和淡紫色長毛貓雜交，便產生了淡紫色英國短毛貓。

⇨ 主要特徵：體形矮胖，鼻子和趾墊略帶粉紅色，眼睛從深金色到古銅色不一。
⇨ 飼養提示：溫暖舒適的生活環境有利於貓的健康成長。貓窩最好在一個溫暖、通風透氣的地方。貓爬架、貓抓板、貓廁所、食盆等日常的生活用品也是必備的。
⇨ 附註：目前淡紫色英國短毛貓的數量很少。

眼睛大而圓，顏色可從深
金色到橙色、古銅色不一

鼻子略帶粉紅色

兩耳間距寬

被毛短而密，
很有質感

臉呈圓形

四肢強壯結實

腳爪圓

| 長毛異種：淡紫色波斯長毛貓 | 壽命：17～20歲 | 個性：和平而友善 |

82 貓圖鑒

最早培育或最早發
現此品種的國家

原產國：英國　　　　品種：英國短毛貓
祖先：非純種短毛貓　　起源時間：20 世紀 80 年代　　　── 該品種族群最早
　　　　　　　　　　　　　　　　　　　　　　　　　　　發源的時間

朱古力色貓

　　這種顏色品種的貓雖不常見，但是因
為顏色迷人，非常受人們的喜愛。

⇨ 主要特徵：身軀的顏色為鮮艷的朱古
力色，沒有雜毛，具有英國短毛貓的外形，
如有任何哈瓦那貓的體形將會被看成是嚴重
的缺陷。

⇨ 飼養提示：對於英國短毛貓來說，清洗遠
遠比梳理重要得多，因為牠們的被毛密實又柔
軟，灰塵和細菌很容易藏在被毛。

⇨ 附註：英國短毛貓心理素質良好，能適應各種
生活環境，溫柔易滿足，感情豐富。

標示貓具體特徵
的主要圖片

耳尖呈圓形

下巴與鼻子和上
唇成一條直線

鼻子較短

臉呈圓形

頸粗短

四肢粗，強壯有力

從不同角度拍攝
的圖片

長毛異種：朱古力色波斯長毛貓　　壽命：17～20 歲　　個性：和平而友善

該品種貓的基本性格，
當然，性格也會隨貓
的生長環境和經歷稍
有不同

介紹具有相似外
形和顏色的異種

介紹該品種的壽命

目錄

10　你了解貓嗎
10　貓科動物
12　貓的定義
14　貓的習性和感官
17　貓的毛型
20　貓的毛色
22　貓的被毛圖案
24　貓的臉形
30　你適合養貓嗎
30　你的時間
30　你的性格
31　你的家人
31　你的經濟條件
32　你會養貓嗎
32　如何挑選貓
33　如何養護貓
35　如何參加貓展

藍色貓

第一章　歐洲貓

40　波斯長毛貓
40　白色貓
41　乳黃色貓
42　朱古力色貓
43　乳黃色白色貓
44　紅白貓
46　淡紫色白色貓
47　黑白貓
48　黑色貓
49　藍乳黃色貓
50　藍色貓
51　暗藍灰色玳瑁色貓
52　淡紫色虎斑貓
53　玳瑁色貓
54　鼠灰色金吉拉貓
56　銀色漸層貓
57　白鑞貓
58　藍白貓
60　啡色虎斑貓
61　朱古力色乳白色貓
62　紅色虎斑貓
63　藍玳瑁色白色貓
64　奶油漸層色凱米爾貓
66　**挪威森林貓**
66　玳瑁色虎斑白色貓
67　藍色虎斑白色貓
68　藍白貓
70　銀啡色貓
71　藍乳黃色白色貓
72　紅白貓
73　藍乳黃色貓
74　黑白貓
75　啡色虎斑貓

76　啡色玳瑁虎斑貓
78　啡色虎斑白色貓
79　**西伯利亞貓**
79　金色虎斑貓
80　黑色貓
81　**俄羅斯藍貓**
81　藍色貓
82　**英國短毛貓**
82　淡紫色貓
83　朱古力色貓
84　乳黃色貓
85　銀白色標準虎斑貓
86　肉桂色貓
88　黑毛尖色貓
89　乳黃色斑點貓
90　紅毛尖色貓
91　銀色斑點貓
92　藍色貓
94　啡色標準虎斑貓
96　**重點色英國短毛貓**
96　藍色重點色貓
97　藍乳色重點色貓
98　乳黃色重點色貓
100　**歐洲短毛貓**
100　白色貓
101　玳瑁色白色
102　啡色虎斑貓
103　金色虎斑貓
104　銀黑色虎斑貓
105　玳瑁色魚骨狀虎斑白色貓
106　啡色標準虎斑貓
107　**東方短毛貓**
107　外來白色貓
108　外來藍色貓
109　外來黑色貓

110　哈瓦那貓
111　黑白貓
112　啡色白色貓
114　玳瑁色白色貓
115　黑玳瑁色銀白斑點貓
116　乳黃色斑點貓
117　朱古力色貓
118　啡色虎斑貓
120　**阿比西尼亞貓**
120　淡紫色貓
121　朱古力色貓
122　普通貓
123　**柯尼斯捲毛貓**
123　乳白色貓
124　白色貓
125　淺藍色白色貓
126　淡紫色白色貓
128　黑色貓
129　**德文捲毛貓**
129　白色貓
130　乳黃色虎斑重點色貓
131　啡色虎斑貓
132　海豹色重點色貓
134　黑白貓

海豹色虎斑重點色貓

135　彼得禿貓
135　白色貓
136　藍白貓
137　乳黃色白色貓
138　乳黃色斑點貓
139　蘇格蘭摺耳貓
139　朱古力色貓
140　藍色貓
141　淡紫色貓
142　黑白貓
144　黑色貓
145　沙特爾貓
145　藍灰貓

166　克拉特貓
166　藍色貓
167　緬甸貓
167　藍色貓
168　黃褐色貓
169　褐玳瑁色貓
170　啡色貓
172　朱古力色貓
173　新加坡貓
173　黑褐色貓

第二章　亞洲貓

148　伯曼貓
148　乳黃重點色貓
149　淡紫重點色貓
150　藍色重點色貓
151　海豹色重點色貓
152　朱古力色重點色貓
153　海豹玳瑁色重點色貓
154　紅色重點色貓
156　海豹玳瑁色虎斑重點色貓
157　海豹色虎斑重點色貓
158　土耳其梵貓
158　乳黃色貓
159　土耳其安哥拉貓
159　白色貓
160　暹羅貓
160　朱古力色重點色貓
161　藍色重點色貓
162　淡紫色重點色貓
163　海豹色重點色貓
164　海豹色虎斑重點色貓

第三章　北美洲貓

176　孟買貓
176　黑色貓
177　重點色長毛貓
177　乳黃色重點色貓
178　朱古力色重點色貓
179　緬因貓
179　藍色貓
180　暗灰黑色白色貓
181　啡色虎斑白色貓
182　白色貓
184　銀色虎斑貓
185　啡色標準虎斑貓
186　乳黃色標準虎斑貓
187　銀玳瑁色虎斑貓
188　藍銀玳瑁色虎斑貓
189　黑色貓
190　銀色標準虎斑貓
192　布偶貓
192　朱古力色雙色貓
193　淡紫色雙色貓
194　海豹色雙色貓
195　朱古力色重點色貓
196　「手套」淡紫色重點色貓

198 「手套」海豹色重點色貓
199 海豹色重點色貓
200 玳瑁色白色貓
202 淡紫色重點色貓
203 索馬里貓
203 深紅貓
204 啡色貓
205 啡紅色貓
206 栗色貓
208 淺黃褐色貓
209 峇里貓
209 海豹色重點色貓
210 朱古力色重點色貓
211 美國捲耳貓
211 白色貓
212 紅白貓
213 黃啡色虎斑貓
214 異國短毛貓
214 白色貓
215 淡紫色貓
216 紅色虎斑白色貓
217 漸層金色貓
218 乳黃色重點色貓
219 藍色標準虎斑貓
220 黑色貓
222 孟加拉貓
222 豹貓
223 美國短毛貓
223 藍色貓
224 銀白色標準虎斑貓
226 加拿大無毛貓
226 暗灰色貓
227 紅色虎斑貓
228 藍玳瑁色貓
229 淺紫色白色貓
230 藍白貓

232 乳黃色貓
233 朱古力色貓
234 藍色貓
235 淺銀灰色貓
236 奧西貓
236 普通貓
237 朱古力色貓
238 銀白色貓
239 塞爾凱克捲毛貓
239 玳瑁色白色貓
240 淡紫色貓
242 白色貓
243 藍灰色貓
244 藍白色貓
245 曼赤肯貓
245 淡紫色貓
246 海豹色重點色貓
248 拉波貓
248 啡色貓
249 乳黃暗灰色虎斑貓
250 玳瑁色白色貓

251 附錄 名詞解釋

德文捲毛貓

你了解貓嗎

貓科動物

　　貓科動物是一種古老的生物，數據顯示牠們最早出現在漸新世（約始於3400萬年前，終於2300萬年前）。牠們的分佈非常廣泛，除南極洲以外，世界各地都可以看到牠們的身影。貓科動物是食肉目的9個科中肉食性最強的哺乳動物，牠們多是高超的獵手，其中大型成員往往是各地的頂級食肉動物。貓科動物善於隱蔽，多用伏擊的方式進行捕獵，這是因為牠們身上多有花斑，可以與環境融為一體。但也

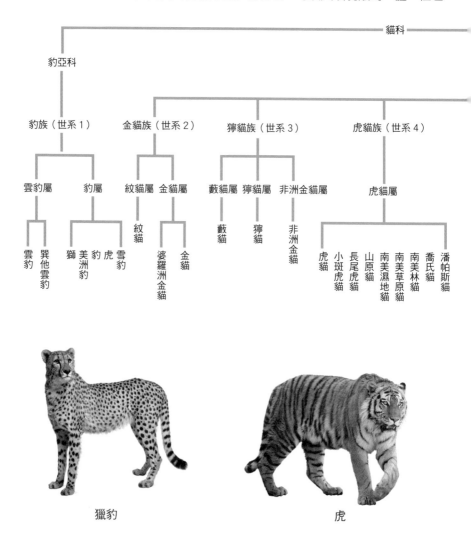

貓科

豹亞科

豹族（世系1）　　金貓族（世系2）　　獰貓族（世系3）　　虎貓族（世系4）

雲豹屬　豹屬　　紋貓屬　金貓屬　　藪貓屬　獰貓屬　非洲金貓屬　　虎貓屬

雲豹　異他雲豹　獅　美洲豹　豹　虎　雪豹　　紋貓　婆羅洲金貓　金貓　　藪貓　獰貓　非洲金貓　　虎貓　小斑虎貓　長尾虎貓　山原貓　南美濕地貓　南美草原貓　南美林貓　喬氏貓　潘帕斯貓

獵豹　　　　　　　　　　　　虎

正是因為這些美麗的斑紋，牠們曾遭到人類的捕殺，加上棲息地被破壞等原因，貓科動物的生存曾受到嚴重威脅。好在如今保護動物和生態平衡的觀念愈來愈深入人心，因此牠們的生存環境得到了很大的保護和改善。關於貓科動物的分類，目前仍有許多爭議，基因研究對貓科動物的分類提出了比較精確的八個世系的分類法。

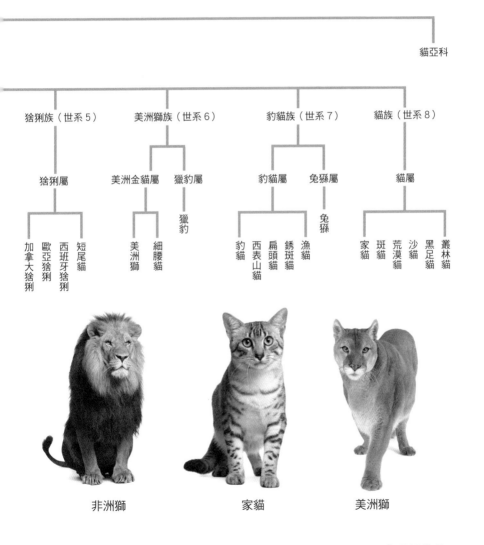

非洲獅　　　　　　　　家貓　　　　　　　　美洲獅

貓的定義

　　我們通常所說的家貓，不管是甚麼品種，不管牠們的外貌差異有多明顯，人們總能在第一時間就判斷出這是一隻貓。究其原因，拋開體態、頭形、被毛長度等這些具體形態差異，所有家貓都還具有一些共性，不僅僅是指骨骼結構、身體器官分佈上的共性，還包括性格特徵、生活習性上的共性。愛運動、擅捕獵、優雅、孤傲、任性、貪睡幾乎是所有家貓的共性。讓我們從這張圖開始，一起來重新認識貓。

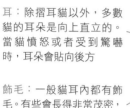

耳：除摺耳貓以外，多數貓的耳朵是向上直立的。當貓憤怒或者受到驚嚇時，耳朵會貼向後方

飾毛：一般貓耳內都有飾毛。有些會長得非常茂密，如波斯長毛貓

鼻子：無毛區，包括鼻孔。鼻子的顏色一般和被毛顏色相協調

頸：不同的品種，粗細長短都有不同，影響貓的外觀

大腿：大腿肌肉提供推力，使貓能跳躍

頭：頭形是重要的鑑別特徵，比如暹羅貓為楔形頭，而英國短毛貓的頭呈圓形

眼睛：形狀和顏色不一，但夜視能力都很強

鬍鬚：貓感覺系統的重要部位，可借此來判斷道路的寬窄

胸：深度和寬廣度因品種而異

腳：腳掌在攀爬和抓取獵物時十分重要，大小和形狀因品種而異

尾巴：尾巴的形狀多樣，大小、長短不一，在平衡和調整反射方面有重要作用

後腳掌：通常有四趾

前腳掌：通常有五趾，短趾不碰觸地面

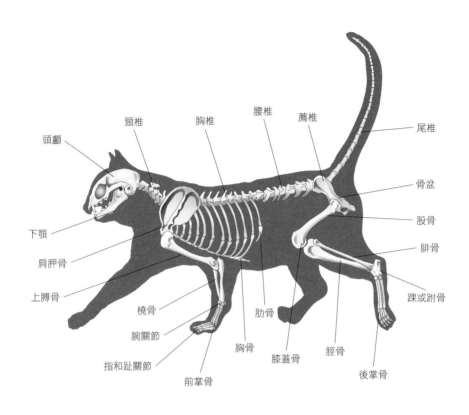

頸椎　胸椎　腰椎　薦椎

頭顱　　　　　　　　　　　　　　　尾椎

　　　　　　　　　　　　　　　　　骨盆

　　　　　　　　　　　　　　　　　股骨

下顎　　　　　　　　　　　　　　　腓骨

肩胛骨

上膊骨　　　　　　　　　　　　踝或跗骨

　橈骨

腕關節

指和趾關節　　　　　　　　　　後掌骨

　　前掌骨　胸骨　膝蓋骨　脛骨

　　　　　　　　肋骨

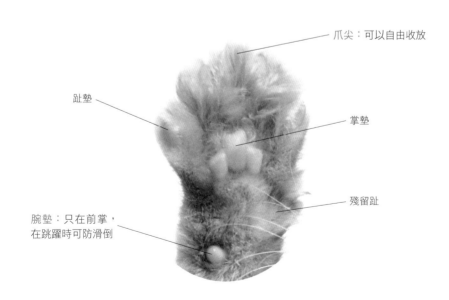

爪尖：可以自由收放

趾墊

掌墊

殘留趾

腕墊：只在前掌，
在跳躍時可防滑倒

貓的習性和感官

　　我們日常所見到的貓，基本都是已經完全被人類馴化過的家貓。牠們完全適應了家居生活，習慣了與人同住，更安於由主人餵養。不過，雖然說牠們作為野貓時的絕大部分行為特徵都已經退化了，但是有些本能和習性牠們至今仍然保持着。

⇨ 打盹

　　貓的一天中有14～20個小時是在睡眠中度過，不過其中只有4～5個小時是真睡。我們不難發現，只要稍有聲響，貓的耳朵就會動，有人走近的話，牠會騰地一下就起來。這就是貓作為狩獵動物，為了能敏銳地感覺到外界的一切動靜，睡眠會很淺的本性。

英國短毛貓

虎斑貓

⇨ 捕獵

　　貓擅於隱蔽，警覺性強，動作迅速敏捷，是天生的捕獵高手。即使是家貓，當牠們看到會飛、會移動的東西時，也往往會情不自禁地撲上去。許多鳥類和哺乳類小動物都逃不過貓爪。

⇨ 捕捉

　　雖然有與生俱來的捕獵才能，但是在貓的幼年時期，牠們還是需要觀看自己的媽媽和其他成年貓的捕獵方法，然後再不斷練習以提高本領。絕大部分小貓都喜歡主人對牠們進行追蹤和捕捉技巧的訓練。

英國虎斑貓

⇨ 攀爬

　　貓是極其敏捷的攀爬高手，攀爬過程中牠們往往是腿爪並用，而尾巴則起到一定的平衡作用。幼貓需要反復練習才能學會這項本領。

蘇格蘭摺耳貓

虎斑貓

⇨ 平衡

貓靠耳內的半規管來維持平衡，從高處墜落時，其身體會扭轉，使腳先着地。尾巴在平衡身體中的作用也不可忽視。

蘇格蘭摺耳貓

玳瑁虎斑貓

⇨ 愛乾淨

貓舌頭上的絲狀乳頭數量很多，表面被一層很硬的角質層膜覆蓋着，尖端向後，呈銼齒狀。貓每天都會花時間仔細地梳理自己的毛髮，這種梳理主要是用舌頭舔的方式來舔除被毛上的污垢和脫落的毛髮。

美國短毛貓

⇨ 任性、孤傲

貓總是有些我行我素，喜歡單獨行動，不像狗一樣會聽從主人的命令，集體行動。牠們從不將主人視為君主而對其唯命是從，有時候任你怎麼叫牠，牠都會當沒聽見。

俄羅斯藍貓

⇨ 撒嬌、優雅

貓有任性、孤傲的一面，也有優雅、愛撒嬌的一面，這正是牠們獨特的魅力所在。你不知道牠們甚麼時候會爬上你的膝頭，或者跳到攤開的報紙上坐着，盡顯嬌態。

⇨ 氣味記號

　　沒有閹割的公貓會在家內外噴灑
氣味刺鼻的尿液，以劃出領地。當牠
們在物體和人身上抓撓、
磨蹭時，也是為了用氣味
來標明領地。

暹羅貓　　　　　　　　　　　　　　三色貓

⇨ 初識、交友

　　貓和貓初次見面時會顯得很謹慎，有些
甚至會表現出好鬥性。但是，一同長大的小
貓會成為非常親密的夥伴，牠們大部
分時間會一起度過，形影不離。

蘇格蘭摺耳貓

美國短毛貓

⇨ 哺乳、離群

　　一般母貓都是非常盡職盡責
的母親，牠們不允許人類靠近自
己的幼崽。當小貓離群太遠的時
候，母貓就會用嘴巴把牠們叼回
來。幼貓在大約3周大時可以開
始自己進食，最好到3個月大時
完全不吃母乳。

英國長毛貓

黑色貓

⇨ 夜視

　　貓眼睛內視網膜後有一層可以反射光
線的細胞，使貓的眼睛能在黑暗中發光；
另外牠們可以迅速地調節自己的瞳孔，使
瞳孔變得很大，將極微弱的光線收集到瞳
孔內，保證在黑暗中看清東西。

貓的毛型

從毛型開始，本書會詳細地向你介紹鑑別純種貓和非純種貓的四個關鍵點，即貓被毛的毛型、毛色、圖案以及貓的臉形。你可以通過本書詳盡的文字介紹和所附的大量圖片迅速成為一名鑑別貓品種的高手，讓我們一起開始吧。

毛型是貓的獨立特徵，與顏色無關，而是取決於底層被毛、芒毛和護毛的結合。如圖，一般貓的被毛由三種毛髮組成：長而粗的護毛，較細但厚實的芒毛，柔軟的、絨毛般的底層被毛。當然，有些貓並不是三種毛髮都有，比如柯尼斯捲毛貓，牠們就沒有護毛，所以牠們的被毛非常柔軟。

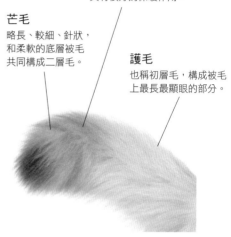

底層被毛
短而柔軟，一般非常細密，具有很好的保暖作用。

芒毛
略長、較細、針狀，和柔軟的底層被毛共同構成二層毛。

護毛
也稱初層毛，構成被毛上最長最顯眼的部分。

⇨ 長毛貓

長毛貓是一種家貓，以毛長、軟、平滑著稱。頸部多毛，形如皺領；尾短多毛，毛軟、纖細。毛色多樣，單色有白、黑、藍、紅及奶油色等；而帶花紋的有煙色、虎斑色、灰鼠皮色、龜板色、藍奶油色等。長毛貓是相對短毛貓而言的 ，一般毛長在10厘米以上的貓方有此稱謂，而且身價不菲。

波斯長毛貓
在所有的家貓中，這個品種的貓被毛最長、最密。

緬因貓
底層絨毛茂密，外層護毛長度並不一致，光滑有層次。背部和腿部的被毛長而濃密，尾部的則像羽毛一樣散開，被毛的整體外觀上顯得非常蓬鬆。

⇨ 半長毛貓

　　不同品種的長毛貓，被毛長度
和濃密度會有所差別；同一隻貓，
不同的季節，被毛長度、濃密度也會
不一樣。一般來說，被毛濃密主要是
因為底層毛。波斯長毛
貓長長的護毛從厚
密的底層被毛中伸
出，形成了外觀上
又長又密、非常厚重的被毛。而緬因
貓的外觀就會顯得被毛非常蓬鬆，這是牠們
的護毛長度不一、分佈錯落有致造成的。

土耳其安哥拉貓
沒有底層被毛，整
體外觀上被毛緊貼
身體。

⇨ 短毛貓

　　同為短毛貓，被毛外
觀和質地也會有非常大的差
異。例如暹羅貓和東方短毛
貓的被毛細膩，質地光滑而柔
軟；而俄羅斯藍貓則是明顯的
雙層被毛，牠們的底層被毛短而
厚，護毛只是略長一點，外觀上被
毛直立、短而厚、不貼身體。

東方短毛貓
被毛細膩、質地光
滑而柔軟。

俄羅斯藍貓
有明顯的雙層被毛，底層被毛
短而厚，護毛只是略長一點，
所以被毛的手感柔軟而光
滑。整體外觀上被毛直立、
短而厚、不貼身體。

英國短毛貓
被毛直立，短而密，不貼身體。
被毛過長或過少會被看作缺陷。
牠的被毛質地較脆，手感並不柔
軟，整體外觀如地毯一般。

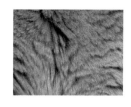

⇨ **捲毛貓**
　　國際上的分類慣例中，
捲毛貓是歸入短毛貓中的。
牠們的被毛一般短而細，捲
曲且柔軟，外觀上呈波浪狀，
手感上則是柔軟光滑的。

柯尼斯捲毛貓
牠們沒有護毛，所
以被毛非常柔軟。

德文捲毛貓
三種毛髮都有，但護毛和芒毛
類似底層被毛，外觀呈波浪
狀。德文捲毛貓的被毛更為捲
曲，但觸感上要粗糙一些。

⇨ **無毛貓**
　　雖然名字為無毛貓，實際上
牠們並不是真正的無毛，只
不過牠們的毛髮是一些稀
疏的、短短的絨毛，比
普通貓的要短得多。一
般以身體末端的毛髮分佈
最為明顯。

加拿大無毛貓
被毛短而稀疏，為
一層短短的絨毛，
以身體末端的毛髮
分佈最明顯。

貓的毛色

貓毛髮的真正色彩是由毛髮上的色素構成的，但是牠們也會受光和空氣濕度的影響。一般來說，光的作用會使貓的毛髮顏色變淡，顯得比平常顏色要淺一些。潮濕的空氣也會影響毛色，比如會使黑色變得偏啡色。同一種顏色也會發生自然的變異，所以同一窩小貓中，有的毛髮顏色會比較深，而有的則比較淺。

⇨ 單色

毛色應自毛尖至毛根為單一色，大部分的單一色已經在育貓界獲得了公認。不過，色素的重新排列也會使毛色變淡，這也是單色種類增多的原因所在。在單色貓的單根毛髮上不應有任何虎斑色條紋。

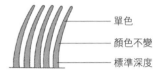

- 單色
- 顏色不變
- 標準深度

白色
白色單色貓被毛上沒有色素，但這些貓並不是白化種。雙親中如有一個是白色，就有可能出現白色小貓。

黑色
許多貓中都會有這個顏色，顏色比較純，不應有鐵銹色或者朱古力色出現。

紅色
最初被稱橙色，事實上，培育者想要培育出的是紅色。現在的紅色單色貓顏色已經愈來愈純正。

黃啡色
黃啡色是一種新顏色，由黑色基因突變而成。

⇨ 淡化色

顧名思義，這些顏色是一部分相應的濃色淡化出來的結果。在淡化色中，有些地方的色素會比另一些地方少，這種顏色反射出白光，給人一種顏色較淡的視覺感受。

淡紫色
這是朱古力色的淡化色，指的是一種略帶粉紅色的淺灰色。這種顏色的深度標準也常會發生變化，所以有些貓的顏色會比另一些貓的要淺。

藍色
這是黑色的淡化色，比較接近灰色，而不是純藍色。不同品種的這個顏色的貓，毛色深度也會有所不同。

⇨ 毛尖色

貓護毛和芒毛上的毛尖色的長度，對被毛的整體外觀有着重要的影響。毛尖色是指被毛幾乎是純色，只有護毛和芒毛的毛尖上有些許顏色。

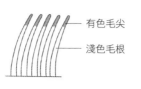

有色毛尖
淺色毛根

鼠灰色金吉拉貓
銀色中最淺的一種，牠們的毛尖略帶黑色。

黑毛尖色英國短毛貓
底層毛色為白色，毛尖黑色。

⇨ 漸層色

護毛毛尖上的色素進一步向毛根延伸，但是毛根仍為白色，看上去顏色明顯較深。貓走動的時候，可以看見其較淺的底層被毛。扒開體毛查看，這種對比會更明顯。

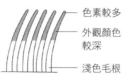

色素較多
外觀顏色較深
淺色毛根

銀色漸層波斯長毛貓
毛尖的黑色應佔整根毛長度的1/3左右。

奶油漸層色凱米爾貓
底層毛色為白色，毛尖為乳黃色。

⇨ 深灰色

毛尖色、漸層色、深灰色，這三種顏色都是單根被毛上只有上半部分有顏色，而毛根沒有顏色。牠們的區別在於單根毛上有顏色部分的長短，毛尖色為最短，深灰色最長。

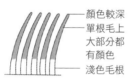

顏色較深
單根毛上大部分都有顏色
淺色毛根

暗藍灰色波斯長毛貓
外觀接近單色貓，貓在走動時才能看見其較淺的底層被毛。

暗灰黑色貓
顏色深度不一，顏色愈深的愈受歡迎。

⇨ 斑紋毛色

也稱分裂色，指單根毛髮上的顏色分裂成條紋狀。這種毛色為貓的隱蔽提供了很好的條件。這種毛色的典型代表是索馬里貓和阿比西尼亞貓。

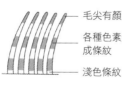

毛尖有顏色
各種色素形成條紋
淺色條紋

阿比西尼亞貓
斑紋毛色會形成深淺不一且清晰的色澤。

深紅色索馬里貓
深啡紅色毛髮上有朱古力色斑紋。

貓的被毛圖案

　　很多品種的貓被毛圖案仍顯示出來自祖先的虎斑斑紋。但是，眾所周知，所有的特徵由基因形成，隨着基因學的發展，現在培育者對貓被毛圖案的改良已經有了更廣闊的發展空間。他們謹慎地選擇種貓，經過連續幾代的選擇性育種，已經逐漸可以按照自己的要求來改變貓的被毛圖案了。

⇨ 雙色貓

　　非純種貓中的雙色貓很普遍，但培育者卻很難培育出標準花色的雙色展示貓。最初只允許白色和紅色、藍色或乳黃色結合，但現在白色與任何純色的結合都受到承認。

⇨ 玳瑁色貓

　　玳瑁色是指黑色和紅色均勻地交織，分佈全身，並有乳白色或紅色面斑。由於基因的影響，絕大部分玳瑁色貓都是母貓，公貓一般沒有生育能力。

⇨ 玳瑁色白色貓

　　也稱為「印花白貓」、「花斑貓」、「三花貓」，被毛上有三種顏色：黑色、各種深淺的紅色和白色斑塊。

⇨ 藍乳白色貓

　　也稱淺玳瑁色貓，被毛中藍色取代了黑色，乳色取代了紅色。在不同的國家有不同的顏色構成標準，有些人喜歡兩種顏色均勻交織，而有些人希望牠們是塊狀的結合。

⇨ 梵貓

　　指的是有色毛區只出現在尾巴和頭部的貓。以土耳其貓命名，不過其他品種也有。

⇨ 重點色貓

指的是貓的臉、耳朵、腿部、腳部和尾部的顏色較深，其他部位顏色較淺。重點色上的顏色會受體溫、被毛長度和氣候的影響。一般要求眼睛顏色為藍色。

⇨ 標準虎斑貓

也稱為墨漬虎斑貓，特徵是每側肋腹部有大塊的黑色蠔狀毛塊，肩部斑紋呈蝴蝶狀，尾巴上會有多道環紋。

⇨ 補片虎斑貓

屬玳瑁色虎斑貓，兼有玳瑁色和虎斑色的特點。

⇨ 魚骨狀虎斑白色貓

指的是沿着貓的脊柱中心處有完整的深色細條紋，另有黑色的條紋沿身體垂直而下，各條紋之間的顏色區是斑紋毛色的毛髮。

⇨ 斑點貓

指的是身體上的虎斑斑紋斷裂成為清晰的橢圓形、圓形或玫瑰花形的斑點，並延伸至尾部。

貓的臉形

　　本部分內容詳細列出了不同臉形的貓的臉部圖片，你可以對照以下圖片來判斷你的貓屬甚麼臉形。需要說明的是，貓的臉形主要分為三大類，即圓臉、楔形臉和介於兩者之間的中間臉形。一般臉形和體形無關，無論是長毛貓還是短毛貓，都有這三種臉形。不過總體來說，圓臉的貓身形通常比較矮胖，而楔形臉的貓體形通常特別苗條。臉形的特徵對性別的區分沒有特別的意義。未閹割的公貓可能會有更發達的下頜作為第二性徵，或者可能有頸垂肉，從而顯得臉部更胖更大。

長毛貓

圓臉

　　頭部又大又圓，頭骨結實，頭頂寬。耳小，兩耳間距較寬，耳位較低。貓的雙頰圓而飽滿。鼻部一般比較寬、短，鼻樑凹陷。

波斯長毛貓

金吉拉貓

虎斑波斯貓

重點色長毛貓

玳瑁色伯曼貓

伯曼貓

美國捲耳貓

虎斑美國捲耳貓

中間臉形

　　頭部中等長度，比例協調，側看呈直線或稍有凹陷。耳朵較圓臉貓的耳朵要大一些，間距稍寬，高高地直立在頭上。

布偶貓

緬因貓

虎斑緬因貓

挪威森林貓

雙色挪威森林貓

索馬里貓

土耳其梵貓

土耳其安哥拉貓

西伯利亞貓

楔形臉

　　臉部呈三角形，顴骨較高，鼻長且直，側看時臉形突出。耳大且尖，比圓臉貓和中間臉形貓的耳間距都要窄。

峇里貓

短毛貓

圓臉

　　臉部圓潤，雙頰飽滿，頭頂寬，側看時前額略呈圓形。鼻短、直、較寬。耳朵小，兩耳間距較寬。

美國短毛貓　　　　　英國短毛貓　　　　虎斑英國短毛貓

重點色英國短毛貓

歐洲短毛貓

虎斑歐洲短毛貓

異國短毛貓

虎斑異國短毛貓

孟加拉貓

塞爾凱克捲毛貓

蘇格蘭摺耳貓

沙特爾貓

中間臉形

　　頭部比例適中，頭頂略寬，並逐漸變成稍呈圓形的三角形。耳朵中等偏大，耳根較寬。鼻樑略有凹陷。

俄羅斯藍貓

孟買貓

奧西貓

阿比西尼亞貓

克拉特貓

拉波貓

玳瑁色拉波貓

緬甸貓

曼赤肯貓

楔形臉

　　臉形細長，鼻口部明顯變窄，側看時臉呈直線形，長相比較優雅。鼻長而無凹陷，耳大且尖，耳根寬。

加拿大無毛貓

東方短毛貓

哈瓦那貓

埃及貓

暹羅貓

虎斑暹羅貓

柯尼斯捲毛貓

德文捲毛貓

彼得禿貓

你適合養貓嗎

你的時間

虎斑貓

　　雖說貓是一種很獨立的寵物，但是牠們還沒有獨立到可以自己做飯和收拾廁所的地步，牠們仍然需要你花費時間和精力去照顧與陪伴。所以，如果你是一個人住，工作又很繁忙，總是要忙到半夜才拖着疲憊的身體回家。那麼，養貓給你帶來的負擔一定會比樂趣更多。而對於你的貓來說，也會是一件非常痛苦的事。因此，如果你沒有足夠的空餘時間和精力，還是建議你暫時先放下養貓的衝動。

你的性格

　　貓是一種優雅、孤傲的動物，牠們有自己的個性，不會像狗那樣聽主人的話，也不會不停地向主人示好。牠們很任性：高興了，牠們會爬上你的膝頭向你撒個嬌；不高興的時候，尤其是當牠們在打盹時，你想抱牠們一下，牠們會馬上在小臉上寫出一百個不樂意。當然，不僅僅是臉上不樂意，大部分的貓還會一腳蹬開你，然後一溜煙就跑掉了。不僅如此，在養貓之前你還要做好這樣的心理準備：牠們很可能會抓壞你的家具，弄亂你的睡房，因為大部分的貓都是貪玩和好動的。總而言之，你要對牠們有足夠的耐心和愛心。

白色虎斑貓

你的家人

　　如果你是和家人或朋友一起住，那麼很幸運，能有更多的人幫助你照顧貓，他們可以和你一起分享養貓的樂趣。不過，所有這些都建立在你的家人或朋友完全贊同與接納這個小傢伙的前提之下。所以，在你把一隻小貓抱回家之前，需要先和家人或朋友做好溝通，確保他們能夠在心理上和生理上都接受這個新成員的加入。因為，確實有些人是不喜歡、甚至害怕貓的，而有些人還會對貓毛過敏。任何不經過溝通就魯莽而固執地將小貓私自帶回家的行為，都不會是一個好的選擇。

你的經濟條件

　　養貓，在給你帶來精神享受的同時，也會帶來一筆不小的經濟負擔。你的花費大致包括兩方面：一是買貓，貓的價格會因其血統、性別、年齡和身體特點（性格、毛色等）而存在差異；二是養貓，從貓進門那天起，牠的飲食起居就都需要你來安排照顧了。具體費用包括貓糧、零食、玩具、如廁用品和洗護用品等幾類。

波斯貓

銀啡色貓

你會養貓嗎

如何挑選貓

  首先，你要確定想養純種貓還是非純種貓。純種貓是經過謹慎選擇培育而成的，培育時，培育者都盡可能地使貓的外形符合在品種標準中規定的認可「外形」，所以純種貓相互之間非常相似。而非純種貓由於沒有固定的血統，就整體外貌來說，會各不相同。當然，如果你只是想要一隻健康迷人的寵物貓，那麼無論是純種貓還是非純種貓，牠們都完全能夠滿足你。

1. 決定養公貓還是母貓

  大部分品種中，公貓在成年後體形會比母貓略大。如果你選擇了公貓，又不想留作種貓，就要進行閹割，這樣可以防止牠離家出走，也可以減少牠因打鬥而受傷的危險。如果你選擇了母貓，又不想讓牠懷孕，那就需要在貓6個月大的時候給牠做結紮手術。

2. 觀察幼貓

  做選擇之前，你需要花幾分鐘時間認真觀察。機警、有趣、好奇心強、看上去樂於讓人靠近的小貓，長大後往往會更健康、可愛。

3. 檢查耳朵、眼睛和嘴巴

  耳朵應該是乾淨的，沒有耳屎。第三眼瞼，即瞬膜不應長過眼睛，也不應有任何分泌物。掰開下顎，看看口內。對於年齡較大的貓來說，這一點很重要，因為牠們可能會有斷牙、牙齦疾病或蛀牙等毛病。

4. 檢查被毛

  分開被毛，仔細檢查貓身上有沒有跳蚤、跳蚤的卵或其他寄生蟲。如果有的話，最好不要選擇。

5. 檢查肛門

  這點很重要，抬起貓的尾巴查看，肛門區不應有污漬，從而確認沒有腹瀉現象。

6. 最後選定

  買貓前後，最好安排獸醫進行一次健康檢查，還應從貓之前的主人那裏拿到幼貓已經接種過的疫苗手冊。如果你買的是純種貓，還應索要貓的純種證明書。

如何養護貓

⇨ 貓窩選擇

　　貓窩就是貓睡覺的地方，大體上分兩種，屋形的和盆形的。大部分貓睡覺時喜歡有頂的屋形窩，無頂的盆形窩大多用於平時躺下休息。寵物店專賣的屋形貓窩外形類似人們用的旅行帳篷，整體呈錐形，所以開門處也會有一定的傾斜角度。因為貓是很機警的動物，這樣的貓窩可以起到開闊視野的作用，幫助貓消除局促緊張和沒有安全感的情緒。家裏有條件的最好兩種窩各買一個，這樣會使貓感到舒適放鬆，保持心情愉快。如不願意購買專門的貓窩，也可以用廢紙箱挖個門改裝一下即可。

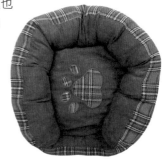

⇨ 飲食餐具

　　貓飲食餐具包括食盆和水盆。通常貓對自己的餐具非常敏感，所以牠的餐具最好不要更換。有的貓在換了食盆的情況下會拒食或消化不良，尤其是老年貓，突然更換餐具會使牠感到非常緊張，影響牠的健康。所以要在一開始就選好堅固耐用，並且足夠容量的餐具。給貓選餐具時要根據貓的品種，尖臉的貓喜歡碗口小而深的（如暹羅貓、美國短毛貓等）；圓臉的貓喜歡大口的碗（如英國短毛貓、金吉拉貓等）；平臉的貓最好用盤子（如波斯貓、異國短毛貓等），因為牠大而扁平的臉無法吃到小口碗裏的食物，用盤子會讓牠感覺舒適，也可以防止吞咽進過多的空氣造成胃脹，影響健康。大碗裝的水會弄濕波斯貓下巴和臉頰上的毛。

⇨ 餵養食物

　　貓對食物十分挑剔，所以選貓糧是件很頭痛的事。市面上五花八門的貓糧大致可分為罐頭肉類、半混糧和乾糧三種。雖然給貓餵貓糧是最安全、科學並且快捷方便的辦法，但貓糧只應作貓食的一部分，因為最理想的貓食，是應該每周添加一至兩次新鮮的貓食，如肉類和魚類等，因為這些食物含有高蛋白質，能夠為貓提供熱能及氨基酸，對貓的發育相當重要，但為了防止貓沾上弓形蟲病，所有肉類必須要煮熟，並把牠切成細塊以方便貓咀嚼，至於魚類方面，主人應小心地把魚骨、魚刺剔出來，以防貓吞魚骨而遭刺傷。幼貓的飲食要特別照顧。

⇨ 訓練排便

　　貓是相當愛乾淨的動物，牠是不會隨地大小便的。貓主要是通過嗅覺來確定方便的位置的，所以牠第一次在哪裏方便，下一次還會去那，因為那裏有那種味道，牠就把那當廁所。你可以訓練牠到洗手間排便，如果家貓已經找了一個不合適的位置大小便，只要立即打掃衛生，去除此地味道，再用消毒水噴一下就可以防止貓再次到此地排便。其實最簡單的辦法是準備一個盆和貓砂，貓對這個無師自通，排便後還會扒土蓋上，不過需要及時打掃、清理。

⇨ 絕育手術

　　手術前要為貓剪去指甲，以避免手術後貓抓包扎傷口的紗布以及傷口。手術前還要給貓提前補充營養，因為手術後貓可能會因疼痛而拒絕進食，沒有營養不利於貓恢復健康，術前8小時禁食，4小時禁水。手術中要注意麻醉和止痛。手術後不要強迫貓進食，並避免貓做劇烈運動比如跳躍，以免傷口開裂，可以關在籠子裏靜養。要注意冬季保暖，給牠加個用毛巾裹着的熱水袋，夏季防暑，在裝貓的籠子上蓋濕毛巾。此外，要及時關注貓體溫變化、排便情況，如果出現傷口發炎感染，或者過度疼痛，要及時送往醫院救治。

⇨ 生病護理

　　①寄生蟲，3個月大的貓可以驅蟲，每年2次。普通光譜驅蟲藥即可。貓易患縧蟲病，平時少吃生的肉食、魚類。②骨折，如果貓瘸了腿，走不了路時，主人很難判斷到底是撞傷，骨折，還是脫臼，所以最好別讓貓亂動，帶牠去醫院檢查。③出血，首先確定傷口的位置，把傷口周圍的毛剃掉，清除傷口。出血不多時，用自來水或3%的雙氧水清洗傷口，然後用繃帶包好，出血量大時除了簡單包扎，應及時送往醫院救治。

⇨ 定期防疫

　　目前，動物醫院和診所常給貓注射的疫苗有進口的貓三聯疫苗和國產貓瘟熱疫苗。需要注意的是，只有健康的貓才能接種疫苗和皮下注射。正常接種疫苗，應每年1次，不能認為貓不出戶，就不接種，或接種2~3次疫苗後認為安全了，以後不接種也行，這會給病毒的傳播提供機會，因為，貓的主人是要接觸外界的，可能是傳染媒介之一。接種疫苗後1周內最好先不洗澡，以防過冷過熱引發感冒影響免疫效果，或者針眼被污染後引起感染。個別免疫力差的貓。注射疫苗後自身也不能產生足夠的抗體，應予注意。

如何參加貓展

首先需要説明的一點是，人們對於貓展一直有一個誤解，常常認為只有純種貓才能參加貓展。事實上並非如此，現在愈來愈多的貓展上都有非純種貓和普通家庭寵物貓的參加。

⇨ 展前準備

首先，你需要正確填寫好參展申請表，申請表連同參展費用需要在截止日期前一起寄回。在參展前最好檢查貓的接種是否已經過期，尤其是不經常的參展者。有關設備的規定要視不同的貓展而定，如果有疑問，一定要事先詢問清楚。在展出前，務必仔細梳理你的貓，確保牠能展示出最佳外貌。這

裏需要説明的一點是，好的展示貓應樂意接受陌生人，不會表現出排斥情緒甚至是大發脾氣。所以，你應該在貓的成長過程中，隨時撫摸牠，陪牠玩耍，使牠樂於並習慣和人類接觸。

其次，你應在展前較長的一段時間裏有意識地鍛煉你的貓，使牠習慣乘坐汽車或其他交通工具，你要保證牠能乖乖地待在貓籠中。前期的鍛煉和適應可以很大程度上減少長途旅行中可能出現的情緒或生理上的不適。最好在出發的前一天就準備好行李和參展要用的所有設備。

最後需要説明的是，如果貓懷孕了，是不能參加展示的；如果貓在參展前看上去身體狀況不佳，要立刻帶牠去看獸醫，儘管可能會因此退出展示場。

⇨ 梳理愛貓

對愛貓的梳理，不要等到參展時才進行，主人應在平時就做好貓的梳理、清潔工作。儘管貓生性都愛乾淨，牠們會自己用粗糙的舌面舔去身上的污垢和脱落的毛髮，但這些還不夠。主人對貓梳理、清潔的參與，可以大大減少貓身上出現跳蚤、虱子等寄生蟲的概率。同時，這樣也可以很大程度上防止貓將毛髮吃進胃裏，尤其是在脱毛期。貓在自己梳理的過程中吃進胃裏的毛髮會在胃中形成毛球，長此以往會嚴重影響貓的食慾和健康，對長毛貓來説尤其如此。

⇨ 梳理長毛貓工具

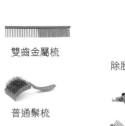

雙齒金屬梳

除脫毛用的刮刷

普通鬃梳

指甲剪

寬齒梳

金屬梳

1. 梳理脫落的毛髮

長毛貓的毛髮長而密，脫落的毛髮如不及時清理容易打結，選用除脫毛用的刮刷能非常方便地清理出貓脫落的毛髮。

2. 修整毛髮

對於打結影響外貌的毛髮可以適當修剪，最好請專業的寵物美髮師來完成。

3. 撲粉梳理

用鬃刷梳理被毛使其蓬鬆，然後撲粉。貓展當天貓身上不能有粉的殘留痕迹。

4. 臉部梳理

用小號刷子或牙刷梳理貓臉部的毛髮，小心不要太靠近貓的眼睛。

⇨ 梳理短毛貓工具

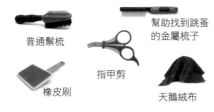

普通鬃梳

幫助找到跳蚤的金屬梳子

橡皮刷

指甲剪

天鵝絨布

1. 洗澡

梳理前可以先為愛貓洗個澡。對於貓的臉部清潔，要用脫脂棉和淡鹽水輕輕地在貓的耳、鼻、眼周圍進行擦洗。擦洗過程中注意不要弄疼貓。

2. 剪貓爪

要選用專用的獸醫剪，以防剪裂貓爪。在剪貓爪之前的一段日子裏，主人要經常有意識地握握貓爪，並輕輕按捏，這樣可以使貓習慣主人的這個動作，在剪爪的過程中牠們會更配合。

3. 梳理

橡皮刷很適合梳理短毛貓，尤其是適合捲毛貓，鬃梳也可以。在梳理過程中動作要輕緩，不用太過用力，以免刷掉貓的底層被毛。梳理完之後，可以用天鵝絨布摩擦貓毛以上光。

⇨ 貓展過程

不同國家的貓展規模和標準會有所不同。在英國,貓展的規模不一,有小型的貓展,也有全國性的。在美國,貓主人可以在多個註冊機構登記,以參加更多的貓展。CFA是目前世界最大的純種貓註冊組織,每年會在世界各地舉辦400多次貓展,參展貓的品種達30多種。CFA貓展除了註冊貓的組別外,也設有家貓組。以下是大多數貓展中要注意的事項。

1.由於貓展中會有多隻貓待在一個屋子裏,所以只有健康的貓才能參展,所有的貓一到展示會便要進行體檢。

2.在評審前,多留些時間讓貓在貓籠或在展示籠中安頓下來,籠中應放有乾淨的貓砂、水、碗和毯子等。主人這時要檢查好籠子標示的號碼,牠和貓身上號碼牌的數字一定是相同的。

3.主人這時還可以對自己的貓進行最後的梳理,比如檢查一下貓的眼睛、耳朵、鼻子、肛門和尾巴上是否有灰塵或分泌物等,確保貓的外貌在最佳狀態。

4.貓將被帶到評審桌上,裁判會依照品種的得分標準進行評分。評審的評語和貓獲得的名次會呈現在記分牌上。

⇨ 優勝者

參賽貓獲勝後便可擁有一定的地位和身價。CFA貓展分四個組別進行比賽:幼貓組,4～8個月大的幼貓;成貓組,8個月或以上的未絕育成貓;絕育貓組,8個月或以上的絕育成貓;在成貓組及絕育貓組中,貓會被再分為公開組、冠軍組和超級冠軍組三組進行比賽。

第一章

歐洲貓

歐洲貓是指原產國位於歐洲的貓。

本章所選貓的品種有

波斯長毛貓，如白色貓；

英國短毛貓，如藍色貓；

歐洲短毛貓，如玳瑁色白色貓；

挪威森林貓，如啡色虎斑白色貓；

德文捲毛貓，如海豹色重點色貓；

東方短毛貓，如哈瓦那貓等。

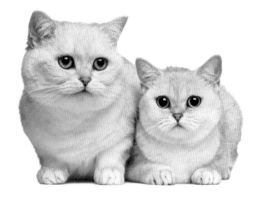

波斯長毛貓

波斯長毛貓舉止優雅，相貌迷人，華麗高貴，有「貓中王子」、「王妃」之稱。其叫聲纖細柔美，少動好靜，從維多利亞時代開始便受到人們的歡迎，而維多利亞女王養過這種貓，更確立了其知名度。後來經過培育繁殖，其顏色、品種愈來愈多，但與早期相比，牠們的外貌發生了一些變化，臉更扁、更圓，耳朵更小，被毛更加茂密。

原產國：英國	品種：波斯長毛貓
祖先：安哥拉貓 × 波斯貓	起源時間：19 世紀 80 年代

白色貓

在歐美地區，最早的波斯長毛貓為白色。白色貓的眼睛顏色不一，通常是藍眼、橙眼和鴛鴦眼。不幸的是，牠們的藍眼常和耳聾有關，至今這種缺陷還無法消除。

⇨ 主要特徵：被毛純白色，長而厚密，體形頗大，側看呈明顯矮胖狀。幼貓頭上偶爾會有少許深色斑紋，但會逐漸消失。

⇨ 飼養提示：波斯長毛貓的腸管天生比一般貓短，所以更容易患上腹瀉等疾病。建議吃專門的波斯長毛貓貓糧。

⇨ 附註：波斯長毛貓每窩產子 2～3 隻，幼仔剛出生時毛短，6 周後長毛才開始長出，經兩次換毛後才能長出長毛。

頭部又圓又大，頭蓋骨甚寬闊，兩頰豐滿

粉紅色鼻子

耳朵細小，尖端呈圓形，向前傾斜，雙耳間距闊，位於頭部偏低位置，耳朵有飾毛

眼睛大且圓，眼色亮澤，雙眼間距寬闊

短毛異種：白色異國種貓	壽命：13～20 歲	個性：溫順、安靜

原產國：英國　　　　　　品種：波斯長毛貓
祖先：安哥拉貓 × 波斯貓　　起源時間：19 世紀 80 年代

乳黃色貓

　　該品種貓由玳瑁色貓和紅色虎斑色貓
交配而成，但是牠們繁殖的後代絕大部分
是公貓。

⇨ 主要特徵：矮腳馬形、健壯滾圓的軀幹，
大或中等身形，胸部又闊又深，肩部與臀
中間部分豐滿，背部平直，富肌肉感，但
不會過分肥胖。

⇨ 飼養提示：貓對食盤的變換很敏感，有
時會因換了食盤而拒食。要保持食盤的清
潔，食盤底下可墊上報紙或塑料紙等，防
止食盤滑動時的聲響，而且也易於清掃。

⇨ 附註：乳黃色波斯貓底層毛中應無白色，
幼貓的虎斑斑紋會逐漸消失。

眼睛大而圓，
古銅色

幼貓

耳朵尖而小，呈圓弧形

頭圓而寬，臉頰
豐滿，鼻子短

被毛濃密，有光澤。
顏色是淡乳黃色到中
等乳黃色，深淺相同

軀幹健壯，矮腳
馬形，尾短

短毛異種：乳黃色異國種貓	壽命：13 ～ 20 歲	個性：溫順

原產國：英國　　　　品種：波斯長毛貓
祖先：安哥拉貓 × 波斯貓　起源時間：19 世紀 80 年代

朱古力色貓

　　由哈瓦那貓和藍色長毛貓雜交產生，
這個品種首次出現在1961年。

⇨ 主要特徵：被毛顏色為稍深的朱古力色，
顏色純正，以被毛富有光澤、身體上沒有
任何斑紋的為佳。

⇨ 飼養提示：貓「開飯」的生物鐘一旦形
成，就比較固定，不應隨意變更。放貓食
的地方也要固定。

⇨ 附註：最初用哈瓦那種貓培育出來的
貓是細長臉、大耳朵，後來經過選擇性
培育逐漸消除了這些缺陷。

7 個月大的幼貓

頭頂寬

尾毛長而飄逸

臉比較短

深橙色或古銅色大眼睛

腳掌大而圓

被毛厚長、柔滑

腿短而粗壯

短毛異種：朱古力色異國種貓	壽命：13～20 歲	個性：溫順

原產國：英國　　　　　品種：波斯長毛貓
祖先：安哥拉貓 × 波斯貓　起源時間：19 世紀 80 年代

乳黃色白色貓

　　育種專家最初培育雙色貓的目的是想得到像荷蘭兔一樣的貓，帶有清晰的白色或帶色環紋。實踐證明這是不可能的。

➪ 主要特徵：乳黃色被毛的深度應是較淺或中等深度的乳黃色，白毛區佔被毛的 1/3 ～ 1/2。

➪ 飼養提示：強光、喧鬧、有陌生人在場或有其他動物干擾等均可影響貓的食慾。

➪ 附註：在貓的世界中，雙色貓算得上是歷史悠久的，但在早期地並不受歡迎。

被毛細而厚長

粉紅色鼻子

小耳朵

耳內多飾毛

尾毛蓬鬆

腳掌又大又圓

短毛異種：乳黃色和白色異國種貓	壽命：13 ～ 20 歲	個性：溫順

| 原產國：英國 | 品種：波斯長毛貓 |
| 祖先：安哥拉貓 × 波斯貓 | 起源時間：19 世紀 80 年代 |

紅白貓

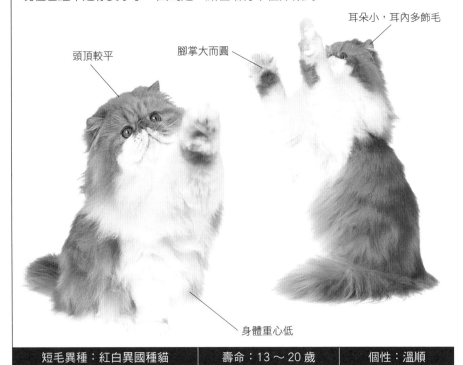

波斯貓大約 16 世紀經法國傳入英國，18 世紀被帶到意大利，19 世紀由歐洲傳到美國。紅白貓為後期培育的品種，其培育非常艱難，因為紅毛區出現任何虎斑斑紋都會被看成是缺陷。

⇨ 主要特徵：紅毛區的毛色應是鮮艷的深紅色，白毛區是純白色而非米色，外貌和其他的波斯貓沒有區別。

⇨ 飼養提示：為貓轉換食物，整個過程需 5～7 天，新舊食物的分量比例為 1：4，過兩天後變為 2：3，逐漸全部轉換，讓貓的腸胃逐漸習慣改變，這樣才不會出現腸胃不適及嘔吐等狀況。

⇨ 附註：1971 年之前，這個品種的被毛圖案要求必須對稱，現在已經不這樣要求了，因為這一點在培育中極難做到。

耳朵小，耳內多飾毛

頭頂較平

腳掌大而圓

身體重心低

| 短毛異種：紅白異國種貓 | 壽命：13～20 歲 | 個性：溫順 |

眼睛為紅銅色

紅白毛區界限分明

頭寬圓，兩耳間距較寬

尾毛濃密

臉上兼有紅色和白色

被毛長而飄逸

四肢粗壯

原產國：英國　　　　品種：波斯長毛貓
祖先：安哥拉貓 × 波斯貓　起源時間：19世紀80年代

淡紫色白色貓

　　最初，貓展上只允許黑色、藍色、
紅色和乳黃色等傳統色與白色組成雙
色。直到1971年，規則有了更改，淡
紫色白色貓也可以參展。

⇨ 主要特徵：淡紫色是指帶有粉紅色的
淺灰色，顏色為暖色調，要求色澤均勻。
紫色毛區與白毛區界限清晰，尾巴上可以有
些白色出現。

⇨ 飼養提示：每次貓吃剩的食物要及時倒掉，
或者可以收起來，待下次餵食時和新鮮食物混
合在一起煮熟餵給貓。

⇨ 附註：淡紫色白色貓是在培育出淡紫色貓後，
讓牠們和白色波斯長毛貓交配而培育出來的。

被毛濃密

眼睛大而圓

胸部寬

尾巴上有淡紫色斑塊

短毛異種：丁香色白色異國種貓	壽命：13～20歲	個性：溫順

| 原產國：英國 | 品種：波斯長毛貓 |
| 祖先：安哥拉貓 × 波斯貓 | 起源時間：19世紀80年代 |

黑白貓

這個品種培育出來的時間較早，也稱作「黑白花」。

⇨ 主要特徵：臉上有白色斑紋，幼貓被毛有鐵銹色，頸周圍有白領圈毛，外形和其他波斯長毛貓沒有區別。

⇨ 飼養提示：黑白貓既安靜又熱情，性情柔和，溫文爾雅，非常適合在屋內生活，但牠的毛長且細，毛量又非常多，很容易纏結在一起，白色毛區也非常容易髒。如果想愛貓保持漂亮整潔的外觀，你需要定期為其梳理毛髮和洗澡。

⇨ 附註：和其他雙色貓一樣，斑紋圖案對稱的貓為佳品。

耳朵非常小，耳內多飾毛　　耳端渾圓

頭部寬圓

眼睛為深橙色或者古銅色

鼻樑比較扁平

10周大的幼貓

| 短毛異種：黑白異國種貓 | 壽命：13～20歲 | 個性：溫順 |

原產國：英國　　　　品種：波斯長毛貓
祖先：安哥拉貓 × 波斯貓　　起源時間：19 世紀 80 年代

黑色貓

　　在世界範圍內，波斯長毛貓都非常受歡迎，而其中的黑色貓因為其獨特、顯眼的被毛顏色更是備受人們喜愛。

⇨ 主要特徵：最重要的是被毛的色彩，應無漸變色、斑紋或白色雜毛。幼貓可能帶有灰色或鐵銹色，但在約 8 個月大時應漸漸消失。

⇨ 飼養提示：貓的飲用水必須是清水，而且每天都要換水。飲水盆可放在食盤一側，以便貓口渴時自由飲用。

⇨ 附註：完全黑色的波斯長毛貓很稀少，潮濕的空氣容易使牠的毛色變成啡黃色，強烈的陽光也會使黑色毛髮褪色。

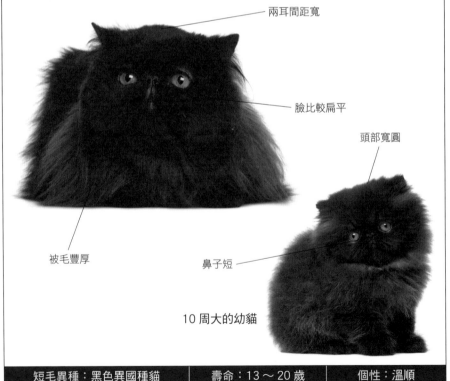

兩耳間距寬

臉比較扁平

頭部寬圓

被毛豐厚

鼻子短

10 周大的幼貓

| 短毛異種：黑色異國種貓 | 壽命：13 ～ 20 歲 | 個性：溫順 |

原產國：英國　　　　　品種：波斯長毛貓
祖先：安哥拉貓 × 波斯貓　起源時間：19 世紀 80 年代

藍乳黃色貓

　　體格健壯，外表高貴，歷來深受世界各地愛貓人士的寵愛。

⇨ 主要特徵：全身毛色為藍色與乳黃色均勻、柔和地混雜在一起的顏色，有輕微的陰影色為首選。

⇨ 飼養提示：貓喜吃甜食或有魚腥味的食物，而且食物不宜太鹹或太淡。

⇨ 附註：在不同的國家對顏色構成有不同的標準。英國的標準是兩種顏色均勻的結合；而在北美地區，人們喜歡藍色和乳黃色呈塊狀的結合。

3 個月大的幼貓

耳朵小，耳尖呈圓弧狀

耳內多飾毛

臉頰鼓起

眼睛為紅銅色或者深橙色

8 個月大的幼貓

被毛濃密

軀幹矮胖

| 短毛異種：藍乳黃色異國種貓 | 壽命：13 ～ 20 歲 | 個性：溫順 |

原產國：英國　　　　　品種：波斯長毛貓
祖先：安哥拉貓 × 波斯貓　起源時間：19 世紀 80 年代

藍色貓

耳內多飾毛

最早是由黑色長毛貓和白色長毛貓交配而成，後來經過選擇性育種，逐漸消除了被毛上的白色斑紋。

⇨ 主要特徵：幼貓通常帶有虎斑，頗為奇特的是，斑紋最明顯的幼貓反倒會長成最好的成貓。

⇨ 飼養提示：不要選擇涼食和冷食，否則不但影響貓的食慾，還易引起消化功能紊亂。一般情況下，食物的溫度以 30 ～ 40℃為宜，從冰箱內取出的食物，需要加熱後才能餵貓。

⇨ 附註：其長相很有異國風情，據説維多利亞女王也養過這種貓，因此確立了其知名度。

兩耳間距寬

腳掌圓而大

四肢短而粗壯

短毛異種：藍色異國種貓	壽命：13 ～ 20 歲	個性：溫順

原產國：英國　　　　品種：波斯長毛貓
祖先：安哥拉貓 × 波斯貓　　起源時間：19 世紀 80 年代

暗藍灰色玳瑁色貓

　　最初可能很難把這個顏色的小貓與藍乳黃色小貓區分開來，因為牠們所特有的淺色底層被毛要到3周大時才變得明顯。

⇨ 主要特徵：毛尖顏色為藍色，有輪廓分明的乳黃色斑塊。底層被毛愈白愈好，不過顏色深度並不是非常重要。

⇨ 飼養提示：主人要注意給貓餵食合適硬度的食物，並適量補充鈣、鐵、維他命及其他微量元素。

⇨ 附註：鼻子可能是粉紅色或藍色，也可能是這兩種顏色的混合色。

被毛長而蓬鬆

深橙色眼睛

下顎發達

頭寬而圓

爪大而圓

被毛中的乳黃色斑塊

短毛異種：暗藍灰色乳黃色異國種貓	壽命：13～20 歲	個性：溫順

原產國：英國　　　　　品種：波斯長毛貓
祖先：安哥拉貓 × 波斯貓　起源時間：19 世紀 80 年代

淡紫色虎斑貓

初見於19世紀貓展，是波斯長毛貓中的新品種。

⇨ 主要特徵：底色為帶虎斑的米色，紋路顏色為比底色更深的淡紫色，與底色形成鮮明的對比。

⇨ 飼養提示：給貓配種的時間最好安排在晚上，會有較高的成功率。

⇨ 附註：與符合貓展標準的虎斑紋短毛貓相比，培育出斑紋如此清晰可見的波斯長毛貓品種非常困難。

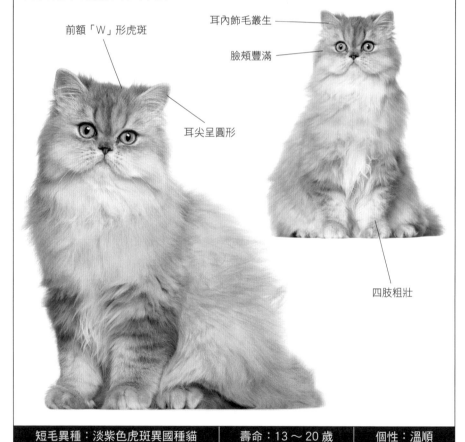

前額「W」形虎斑

耳內飾毛叢生

臉頰豐滿

耳尖呈圓形

四肢粗壯

短毛異種：淡紫色虎斑異國種貓	壽命：13 ～ 20 歲	個性：溫順

原產國：英國　　　　　品種：波斯長毛貓
祖先：安哥拉貓 × 波斯貓　　起源時間：19 世紀 80 年代

玳瑁色貓

　　玳瑁色貓的名字來源於海龜的一種——玳瑁，因其皮毛顏色與海龜玳瑁非常相似，故而得名。

⇨ 主要特徵：玳瑁色貓身上的被毛顏色是混雜的，沒有明顯界限的區分，由黑色夾雜着淺紅或深紅色，總體不規律。

⇨ 飼養提示：當波斯長毛貓的毛打結了，不要直接齊毛根剪掉，那樣會使打結的地方變得光禿禿的。可以用剪刀剪幾下毛團，然後用鋼梳慢慢解開，梳理好，這樣就不會出現局部光禿禿的現象了。

⇨ 附註：很多玳瑁色貓的臉部有明顯的黑黃或黑紅毛色分邊的感覺，像塗了個大花臉，異常可愛。

眼睛圓而大

頭部寬圓，頭頂較平

被毛長而豐厚

腿短而粗壯

短毛異種：玳瑁色異國種貓	壽命：13～20 歲	個性：溫順

原產國：英國	品種：波斯長毛貓
祖先：波斯貓	起源時間：19 世紀 80 年代

鼠灰色金吉拉貓

　　屬新品種的貓，由波斯長毛貓經過人為特意培育而成，俗稱「人造貓」。

⇨ 主要特徵：金吉拉貓眼大而圓，眼珠的顏色以祖母綠、藍綠、綠色為標準色。全身的毛量豐富，尾短且蓬鬆，類似松鼠的尾巴。

⇨ 飼養提示：所有貓都喜歡曬太陽，但要給牠們準備可以遮陽的地方，而且曬太陽的時間不能太久，以免曬傷或脱水。

⇨ 附註：金吉拉貓身體強健矯捷，個性獨特，喜歡安靜。牠性格溫順，較為聽話，懂得認人，善解人意，但自尊心也很強。

眼睛大、圓而飽滿，位置水平並且距離遠，顏色為綠色或藍綠色

尾巴短，不捲曲

短毛異種：無	壽命：13 ～ 20 歲	個性：溫和但有個性

兩頰飽滿

鼻子短、扁而且寬,有一個
「中斷」在兩眼之間

頭部圓而厚重結實,頭骨寬大

圓臉圓下巴

耳朵小,耳尖圓,
向前傾斜

腿短而粗壯

| 原產國：英國 | 品種：波斯長毛貓 |
| 祖先：安哥拉貓 × 波斯貓 | 起源時間：19 世紀 80 年代 |

銀色漸層貓

　　人們曾把銀色漸層貓和鼠灰色貓混淆。這兩種幼貓可能會在同窩出現，不過奇特的是，其中深色的貓以後可能會變成顏色較淺的鼠灰色貓。

⇨ 主要特徵：銀色漸層貓毛尖的黑色應佔整根毛長度的 1/3。

⇨ 飼養提示：主人在貓懷孕的中後期，應該為牠準備數量足夠、營養豐富、容易吸收消化的食物，如瘦肉、魚肉、青菜等。

⇨ 附註：這種貓外表美麗，且很容易調教馴養，很受養貓者的喜愛。

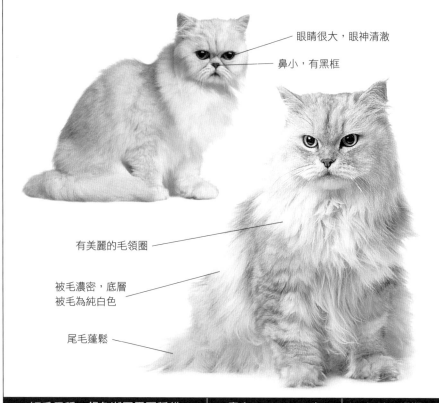

眼睛很大，眼神清澈

鼻小，有黑框

有美麗的毛領圈

被毛濃密，底層被毛為純白色

尾毛蓬鬆

| 短毛異種：銀色漸層異國種貓 | 壽命：13 ～ 20 歲 | 個性：溫順 |

原產國：英國	品種：波斯長毛貓
祖先：安哥拉貓 × 波斯貓	起源時間：19世紀80年代

白鑽貓

　　與銀色漸層貓相似，但從眼睛的顏色上可以很好地區別二者，白鑽貓的眼睛為橙色或古銅色。

⇨ 主要特徵：被毛為白色，帶黑色毛尖色，底層被毛為白色，鼻子為磚紅色，鼻子帶黑框。

⇨ 飼養提示：4個月以下的小貓，最好不要直接給牠們餵貓罐頭，可以在貓罐頭裏加少許米飯再餵給牠們，這樣更容易消化。

⇨ 附註：白鑽貓是由鼠灰色貓演變而來的。

眼睛大而圓

鼻樑較塌

眼睛為橙色或者古銅色

爪大而圓

耳朵小，耳內多飾毛

鼻子帶有黑色框

四肢短而粗壯

短毛異種：白鑽異國種貓	壽命：13～20歲	個性：溫順

原產國：英國　　　　品種：波斯長毛貓
祖先：安哥拉貓 × 波斯貓　　起源時間：19 世紀 80 年代

藍白貓

　　公貓長得更結實一些，母貓的體形相對略小。

⇨ 主要特徵：被毛上不應有虎斑斑紋，白色毛區和藍色毛區分佈清晰。

⇨ 飼養提示：為貓轉換食物，整個過程需要 5～7 天，新舊食物的分量比例是 1：4，然後過兩天是 2：3，逐漸全部轉換，讓小貓的腸胃逐漸習慣改變，才不會出現腸胃不適及嘔吐等狀況。

⇨ 附註：藍色較深的貓更受歡迎。

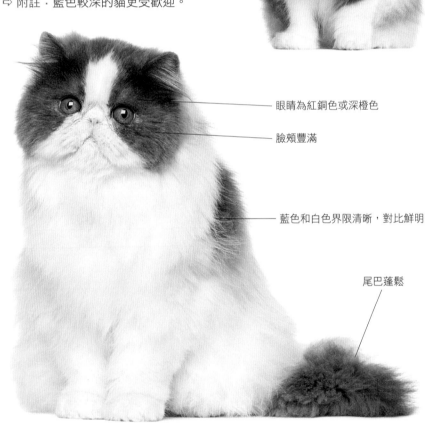

眼睛為紅銅色或深橙色

臉頰豐滿

藍色和白色界限清晰，對比鮮明

尾巴蓬鬆

短毛異種：藍白異國種貓	壽命：13～20 歲	個性：溫順

下顎發達

耳內多飾毛

粉紅色鼻子

臉上有藍色和白色

潔白的毛領圈

原產國：英國　　　　品種：波斯長毛貓
祖先：安哥拉貓 × 波斯貓　　起源時間：19 世紀 80 年代

啡色虎斑貓

　　虎斑斑紋在長毛貓身上歷史悠久，現在帶有虎斑的波斯長毛貓有很多顏色品種，培育者在獲得新的顏色品種後，喜歡把虎斑紋引入這些新的顏色品種中。

⇨ 主要特徵：虎斑為黑色，體毛基色為啡色，虎斑斑紋與底色形成鮮明對比。

⇨ 飼養提示：有些貓有用爪鉤取食物或把食物叼到食盤外邊吃的不良嗜好，主人一旦發現，要立即加以制止和改正，以免形成不良習慣。

⇨ 附註：由於牠們的毛長而密，所以夏季不喜歡被人抱在懷裏，而喜歡獨自躺臥在地板上。

頭寬且圓

耳朵小，耳尖呈圓弧狀

眼睛大而圓，為紅銅色

耳內多飾毛

幼貓

臉部較扁平

爪大而圓

尾毛蓬鬆

短毛異種：藍色虎斑異國種貓	壽命：13 ～ 20 歲	個性：溫順

原產國：英國　　　　　　品種：波斯長毛貓
祖先：安哥拉貓 × 波斯貓　起源時間：19 世紀 80 年代

朱古力色乳白色貓

　　身上有色毛區的分佈和重點色貓很像，但二者很好區別，重點色貓的眼睛為藍色。

⇨ 主要特徵：外形特徵和其他波斯長毛貓一樣，頭寬而圓，身體短胖。頭、背、四肢和尾巴上的被毛為朱古力色，毛領圈和胸腹部的被毛為乳白色，眼睛為深橙色或古銅色。

⇨ 飼養提示：在懷孕初期，主人應該限制牠們做大幅度的運動和奔跑，以免由於撞擊和過激的運動而導致流產。

⇨ 附註：這種毛色的波斯貓不大受歡迎，因此數量時多時少。

耳朵小，耳內多飾毛

深橙色眼睛

寬大的毛領圈

頭寬而圓

四肢粗壯

爪大而圓

短毛異種：朱古力色乳白色異國種貓　｜　壽命：13 ～ 20 歲　｜　個性：溫順

原產國：英國　　　　　品種：波斯長毛貓
祖先：安哥拉貓 × 波斯貓　　起源時間：19 世紀 80 年代

紅色虎斑貓

　　最開始叫作橙色虎斑貓，在北美地區特別受歡迎。
⇨ 主要特徵：背部為純紅色，有三條較深的條紋。身體
下方顏色較淺，尾巴上有環形斑紋。
⇨ 飼養提示：經常為愛貓梳理毛髮，不但能減少
其毛髮打結現象的發生，而且可以使斑紋的紋路
更加清楚，從而在外觀上達到最佳的效果。
⇨ 附註：這個顏色品種在第二次世界大戰後
曾經出現過數量大幅度減少的情況。

額頭上有清晰的「M」
形虎斑斑紋

耳朵小，耳內多飾毛

被毛厚長、柔滑

背部為純紅色，有
三條較深的斑紋

尾巴上有環形斑紋

短毛異種：紅色虎斑異國種貓	壽命：13 ～ 20 歲	個性：溫順

原產國：英國　　　　品種：波斯長毛貓
祖先：安哥拉貓 × 波斯貓　　起源時間：19 世紀 80 年代

藍玳瑁色白色貓

　　藍玳瑁色是指玳瑁色的淡化色，其中黑色淡化成了藍灰色，紅色淡化成了紅啡色或較深的乳黃色。
⇨ 主要特徵：白色毛區佔體毛的 1/3 ～ 1/2，各個色塊輪廓清晰，有色毛區不應有白毛。
⇨ 飼養提示：給貓洗澡時，室內要保持溫暖，特別在冬季更要避免貓因着涼而引起感冒。長毛貓的被毛長且豐厚，洗完澡後一定要盡快擦乾並吹風。
⇨ 附註：沒有兩隻有色斑塊位置完全相同的貓，各個地區對這種貓的鑑定標準也有所不同，在北美地區，人們更喜歡下半身是白色的貓。

幼貓

耳朵小，耳內多飾毛

深橙色眼睛

頭寬而圓

四肢粗壯

爪大而圓

寬大的毛領圈

短毛異種：淺玳瑁色白色異國種貓	壽命：13 ～ 20 歲	個性：溫順

| 原產國：英國 | 品種：波斯長毛貓 |
| 祖先：安哥拉貓 × 波斯貓 | 起源時間：19 世紀 80 年代 |

奶油漸層色凱米爾貓

　　雖然多年來人們一直知道有些奇特的凱米爾貓，但直到20世紀50年代，才有一位叫雷恰爾·索爾茲伯里的醫生決心嘗試培育。「凱米爾」指尖端為乳黃色或紅色的毛。

⇨ 主要特徵：翻開被毛，底層毛色為白色，耳部和背部直到尾尖處乳黃色最清晰，腿和腳上漸層色明顯，耳內多飾毛，脅腹、毛領圈和身體下方是灰白色。

⇨ 飼養提示：波斯貓因容易脫毛，而且腹部絨毛容易糾纏打結，進而藏污納垢、滋生細菌，所以需要主人定期為愛貓洗澡和梳理毛髮，這樣不僅可以使貓美觀、整潔，而且可以預防貓皮膚病和體外寄生蟲感染。

⇨ 附註：1960 年，凱米爾貓獲得美國貓迷協會的認可，從此廣為人知。

被毛厚長、柔滑

| 短毛異種：藍白異國短毛貓 | 壽命：13 ～ 20 歲 | 個性：溫順 |

小耳朵

飄逸的尾毛

粉紅色鼻子

臉部是乳黃色

大大的毛領圈

粗壯的四肢

漸層色均勻

眼睛是古銅色

挪威森林貓

　　大型貓，體格健壯，肌肉發達，是斯堪的納維亞半島上特有的貓種。外貌上和緬因貓非常相似，二者的主要區別是：挪威森林貓後腿比前腿稍長，並且是雙層被毛。古時候這些貓就生活在斯堪的納維亞半島的雪原上，並且和人們關係較近。挪威森林貓獨立性強、機靈警覺、行動謹慎，且趾爪強健、能抓善捕，有「能幹的狩獵者」之美譽。

原產國：挪威　　　　　**品種**：挪威森林貓
祖先：安哥拉貓 × 短毛貓　　**起源時間**：16 世紀 20 年代

玳瑁色虎斑白色貓

　　玳瑁貓一般性格相對比較溫柔，容易馴服。

⇨ 主要特徵：底色是暖色調的紫銅色斑紋毛色，夾雜着較深的紅色和黑色斑紋。白色被毛只分佈在毛領區、臉、胸和腹的部分地區以及爪和腿下部。

⇨ 飼養提示：挪威森林貓飲水不多，但是主人還是要為牠準備充足且清潔的飲水，而且每天都要換水。

⇨ 附註：虎斑貓的被毛往往比其他顏色品種的被毛要厚密，氣溫過高時主人要注意做好愛貓的防暑工作。

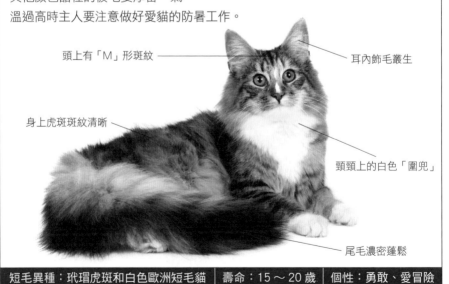

頭上有「M」形斑紋

耳內飾毛叢生

身上虎斑斑紋清晰

頸頸上的白色「圍兜」

尾毛濃密蓬鬆

| 短毛異種：玳瑁虎斑和白色歐洲短毛貓 | 壽命：15～20 歲 | 個性：勇敢、愛冒險 |

藍色虎斑白色貓

　　挪威森林貓在挪威的飼養歷史有幾百年之久了，但是直到20世紀30年代，牠們才真正引起培育者的關注和興趣，而真正有計劃地繁育則開始得更晚。

⇨ **主要特徵**：眼睛為杏仁狀並略傾斜，兩眼間距較小。耳朵大而尖，身上藍灰色虎斑紋路清晰。

⇨ **飼養提示**：挪威森林貓是怕熱不怕寒冷的貓種，並且不同顏色的貓被毛毛型也略有不同，虎斑貓的被毛往往最厚密，氣溫過高時，主人要注意做好愛貓的防暑工作。

⇨ **附註**：挪威森林貓後腿上的毛長且濃密，所以有人說牠們像是穿着「燈籠褲」一樣。

耳朵大且尖

頭上有「M」形虎斑紋

杏仁狀大眼睛，略向鼻子處傾斜

非常乾淨的外表

耳內飾毛叢生

藍灰色虎斑紋路清晰

短毛異種：藍色虎斑和白色歐洲短毛貓	壽命：15 ～ 20 歲	個性：勇敢、愛冒險

原產國：挪威	品種：挪威森林貓
祖先：安哥拉貓 × 短毛貓	起源時間：16 世紀 20 年代

藍白貓

　　1835 年，民俗學家和詩人撰寫並出版了一套精選的挪威民間故事和民歌，令挪威森林貓廣為人知。

⇨ 主要特徵：頭形略呈等邊三角形，頸短，肌肉發達。臉部和身體下方有白色，白色毛區應佔身體的 1/3，其餘為均勻的藍灰色，以白毛區和藍毛區輪廓清晰的為佳。

⇨ 飼養提示：不適宜長期養在室內，最好飼養在有庭院且比較寬敞的環境裏。

⇨ 附註：挪威森林貓都比較聰明，是經常用作寵物療法的貓醫生。雄貓身形較大，給人威風凜凜的感覺；雌貓則身形較小，較優雅。

耳朵大而尖，耳根部較寬

耳內多飾毛

尾長且被毛濃密

短毛異種：藍白色歐洲短毛貓	壽命：15 ～ 20 歲	個性：勇敢、愛冒險

頭部略呈等邊三角形

金綠色眼睛

可防水的半長型被毛

白色毛區和藍色毛區輪廓清晰

足掌結實，又大又圓

原產國：挪威　　　　品種：挪威森林貓
祖先：安哥拉貓 × 短毛貓　　起源時間：16 世紀 20 年代

銀啡色貓

　　傳說中為女神佛略依亞拉車的就是兩隻這個顏色品種的挪威森林貓。

⇨ 主要特徵：骨骼健壯，肌肉發達，眼睛一般為綠色，毛領圈一般為銀灰色，胸部被毛較長，如波浪狀。

⇨ 飼養提示：挪威森林貓不喜歡在嘈雜聲中和強光照射的地方進食，並且牠們進食的生物鐘一旦形成，就比較固定，不應隨意變更。

⇨ 附註：挪威森林貓中淡色的貓有着較厚的底毛，深色的貓底毛則較薄，因為牠們可以通過吸收陽光來保暖。

華麗的銀灰色毛領圈

胸部被毛較長，呈波浪狀

耳內飾毛叢生

長且直的腿

綠色的眼睛

短毛異種：銀啡色歐洲短毛貓	壽命：15 ～ 20 歲	個性：勇敢、愛冒險

原產國：挪威　　　　品種：挪威森林貓
祖先：安哥拉貓 × 短毛貓　　起源時間：16 世紀 20 年代

藍乳黃色白色貓

這種顏色的貓很難培育出各種顏色均勻交織的品種，並且因為被毛中色塊較多，所以沒有兩隻外表完全一樣的貓。

⇨ 主要特徵：被毛的 1/3 ～ 1/2 部分是白色，其餘部分是藍乳黃色，被毛區輪廓清晰。

⇨ 飼養提示：挪威森林貓非常聰明，並且喜歡冒險和活動，稍加訓練，便可以像小狗一樣機靈，主人可以教貓做就地打滾等動作。

⇨ 附註：如果需要參展，主人可以給貓的身上施點粉，這樣可以增強各種顏色的清晰度。

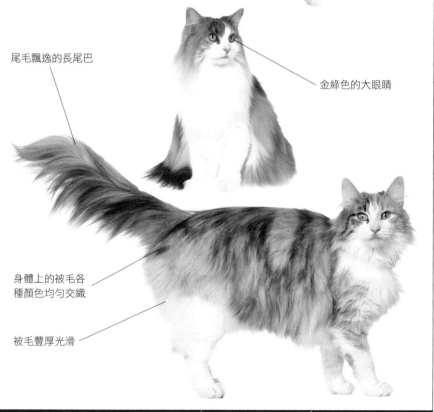

尾毛飄逸的長尾巴

金綠色的大眼睛

身體上的被毛各種顏色均勻交織

被毛豐厚光滑

短毛異種：藍乳黃色白色歐洲短毛貓　｜　壽命：15 ～ 20 歲　｜　個性：勇敢、愛冒險

原產國：挪威　　　　品種：挪威森林貓
祖先：安哥拉貓 × 短毛貓　　起源時間：16 世紀 20 年代

紅白貓

　　這種顏色品種的貓培育起來比較困難，因為紅色毛
區中會出現虎斑斑紋。

⇨ 主要特徵：紅色毛區毛色鮮亮，白色毛區是純白色而
不是米色或米黃色。眼睛是杏仁狀並略傾斜，內眼角
低於外眼角。

⇨ 飼養提示：給貓梳理毛髮時要注意調整貓的
情緒，等牠放鬆後再梳理，如果貓有很明顯
的抗拒情緒，一定不要勉強。

⇨ 附註：挪威森林貓中，除了
朱古力色、淡紫色和暹羅貓色
的重點色外，其他顏色的貓都
可以參展。

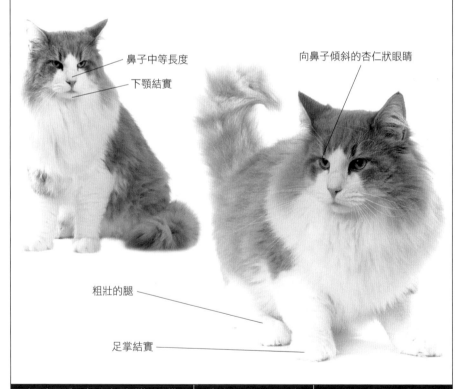

鼻子中等長度

下顎結實

向鼻子傾斜的杏仁狀眼睛

粗壯的腿

足掌結實

| 短毛異種：紅白色歐洲短毛貓 | 壽命：15～20 歲 | 個性：勇敢、愛冒險 |

原產國：挪威	品種：挪威森林貓
祖先：安哥拉貓 × 短毛貓	起源時間：16 世紀 20 年代

藍乳黃色貓

　　藍乳黃色貓的培育者是想獲得乳黃色和藍色均勻結合的貓，但是這並不容易，因此他們培育出優良的展示貓並不多。

⇨ 主要特徵：乳黃色和藍色的被毛均勻交織，分佈於全身。兩種顏色都不呈碎片狀。

⇨ 飼養提示：最好每周為貓梳理一次毛髮，如果條件允許最好是每次在同一時間進行，這樣貓會形成一種習慣，在你為牠梳理毛髮時會比較聽話。

⇨ 附註：在脫毛期對愛貓進行定期梳理非常重要。

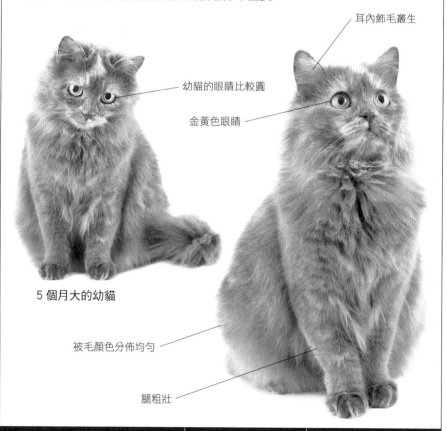

耳內飾毛叢生

幼貓的眼睛比較圓

金黃色眼睛

5 個月大的幼貓

被毛顏色分佈均勻

腿粗壯

短毛異種：藍乳色歐洲短毛貓	壽命：15 ～ 20 歲	個性：勇敢、愛冒險

原產國：挪威　　　　　品種：挪威森林貓
祖先：安哥拉貓 × 短毛貓　起源時間：16 世紀 20 年代

黑白貓

　　理想的黑白貓黑色毛區應對稱，黑色應分佈在頭、背及體側，身體下方為白色。

⇨ 主要特徵：頭、臉、背和尾部為黑色，身體下方為白色。被毛長而濃密，且如絲般柔軟。奔跑速度非常快，奔跑中長長的被毛會隨風飄動，非常漂亮。

⇨ 飼養提示：挪威森林貓喜食溫熱的食物，涼食或冷食容易導致牠們的消化功能紊亂。一般情況下，食物的溫度以 30～40℃為宜。

⇨ 附註：挪威森林貓的特色是擁有雙層被毛，外層是像鵝毛一樣的油面被毛，有防水功能。

金綠色的大眼睛

表情頗具王者風範

耳內飾毛叢生

外眼角上揚的黑色「眼線」

面部斑紋對稱

尾毛長而濃密

體格健壯，肌肉發達

四肢粗壯

短毛異種：黑白色歐洲短毛貓　｜　壽命：15～20 歲　｜　個性：勇敢、愛冒險

| 原產國：挪威 | 品種：挪威森林貓 |
| 祖先：安哥拉貓 × 短毛貓 | 起源時間：16世紀20年代 |

啡色虎斑貓

外表充滿野性氣息，其實牠們並不兇惡，而且是非常聰明、忠誠的理想伴侶。

⇨ 主要特徵：身體的基色為啡色，身上有濃而清晰的黑色虎斑。

⇨ 飼養提示：在換季時，貓毛髮脫落較多，主人需多加留意。

⇨ 附註：挪威森林貓擁有雙層被毛，長毛下是一層羊毛般的底毛，有極好的保暖功能。夏天時，這層底毛會大面積脫落，只保留臀部周圍和前腿腋下的部分，從後面看，貓就像穿了條褲子一樣。

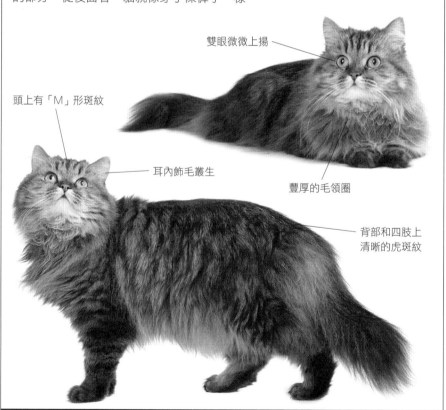

雙眼微微上揚

頭上有「M」形斑紋

耳內飾毛叢生

豐厚的毛領圈

背部和四肢上清晰的虎斑紋

| 短毛異種：啡色虎斑歐洲短毛貓 | 壽命：15～20歲 | 個性：勇敢、愛冒險 |

原產國：挪威　　　　品種：挪威森林貓
祖先：安哥拉貓 × 短毛貓　　起源時間：16 世紀 20 年代

啡色玳瑁虎斑貓

　　和啡色虎斑貓的區別在於，牠們身上有紅色和乳黃色的斑塊。

⇨ 主要特徵：身體的底色是比較深的乳黃色，和身上深啡色的虎斑斑紋形成鮮明對比，身上有乳黃色和紅色斑塊。

⇨ 飼養提示：餵養挪威森林貓的食盤要固定，不宜隨便更換，因為牠們對食盤的變換很敏感，有時會因換了食盤而拒絕進食。

⇨ 附註：也有人把這個顏色品種的貓稱為「補片虎斑貓」。

頭上有「M」形斑紋

雙眼微微上揚

尾巴長，且被毛豐厚濃密，似羽毛

短毛異種：啡色玳瑁歐洲短毛貓	壽命：15 ～ 20 歲	個性：勇敢、愛冒險

耳內飾毛叢生

耳根部較寬

黑色眼眶

豐厚的毛領圈

粗壯的四肢

腳掌結實

身上乳黃色和紅色斑塊

原產國：挪威　　　　　品種：挪威森林貓
祖先：安哥拉貓 × 短毛貓　起源時間：16 世紀 20 年代

啡色虎斑白色貓

　　受生活環境的影響，家庭飼養的貓和生活在斯堪的納維亞半島野外的貓相比，被毛較短，也更柔軟。

➪ 主要特徵：最顯著的特徵是牠們頸上的白色毛領圈，看上去如同一個完整的圍兜，身上虎斑紋路清晰。

➪ 飼養提示：挪威森林貓非常勇敢、愛動，飼養的環境中最好有可以讓牠們遊逛、攀爬和奔跑的地方。

➪ 附註：季節性脫毛後，毛領圈上的毛會變得不再豐厚，所以不同的季節貓的外形可能會有所不同。

大而明亮的眼睛

完整的毛領圈

結實的下顎

健美的身形

強壯有力的腿

短毛異種：啡色虎斑和白色歐洲短毛貓	壽命：15 ～ 20 歲	個性：勇敢、愛冒險

西伯利亞貓

也叫西伯利亞森林貓，屬體形較大的貓，與該貓有關的最早文字記錄出現於11世紀，說他們是西伯利亞鄉下非常普通的貓。他們全身上下都被長長的被毛所覆蓋，外層護毛質地比較硬、光滑且呈油性，底層絨毛濃密厚實，這和西伯利亞地區嚴寒的自然環境是有關係的。西伯利亞貓曾經被作為國禮贈送給國際友人。

原產國：俄羅斯　　　品種：西伯利亞貓
祖先：非純種長毛貓　　起源時間：11世紀

金色虎斑貓

西伯利亞貓中虎斑的出現率較高，金虎斑色是西伯利亞森林貓的傳統顏色。

⇨ 主要特徵：身體緊實，肌肉發達，背長且略隆起，頭部比挪威森林貓更渾圓。眼睛一般為綠色或黃色，大而近似圓形，微微傾斜，幼貓的眼睛更圓。

⇨ 飼養提示：貓都是通過抓磨留下自己的氣味來標示自己的領地，主人可以在不希望貓抓磨的地方噴上檸檬水、風油精等液體，這些都是不受貓歡迎的氣味。

⇨ 附註：這個品種的貓非常適合害怕被貓身上的病毒感染的人飼養，他們和其他貓不同，他們身上的病毒感染人的概率非常小。

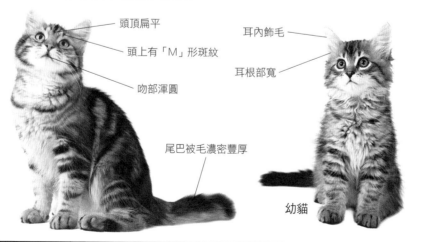

頭頂扁平
頭上有「M」形斑紋
吻部渾圓
耳內飾毛
耳根部寬
尾巴被毛濃密豐厚
幼貓

短毛異種：無　　　│　　壽命：13～18歲　　　│　　個性：機靈、活躍

原產國：俄羅斯　　　品種：西伯利亞貓
祖先：非純種長毛貓　　起源時間：11 世紀

黑色貓

　　西伯利亞貓曾在俄羅斯的荒野中生活了頗長一段時間，曾和當地的野貓交配，所以牠們的後代被毛上虎斑的出現率較高，而單色貓出現的概率則大大降低。

⇨ 主要特徵：半長形被毛，底層被毛豐厚，顏色很純，沒有白色雜毛。

⇨ 飼養提示：貓在自我清理的過程中會吃下很多毛髮，主人可以定期給愛貓餵食吐毛膏，從而幫助牠們清理腸胃中不能消化的毛球，以減少貓出現腸胃不適的概率。

⇨ 附註：幼貓的被毛會略帶灰色或鐵銹色，在成長過程中會逐漸消失。

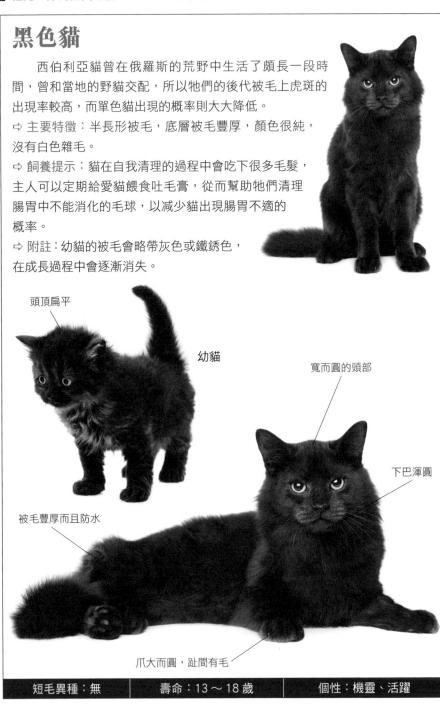

頭頂扁平

幼貓

寬而圓的頭部

下巴渾圓

被毛豐厚而且防水

爪大而圓，趾間有毛

| 短毛異種：無 | 壽命：13 ～ 18 歲 | 個性：機靈、活躍 |

俄羅斯藍貓

原本稱阿契安吉藍貓，有段時間也叫馬耳他貓。俄羅斯藍貓歷史較為悠久，第二次世界大戰以後數量急劇減少，為保留此品種，培育者用藍色重點色暹羅貓與其雜交。俄羅斯藍貓有着結實的中等體態，被毛分為底層毛和外層毛，基底為藍色的外層毛，其末端帶有銀色，這就帶來了光學效應，使俄羅斯藍貓有「閃閃動人」的外貌。

原產國：俄羅斯　　　　品種：俄羅斯藍貓
祖先：非純種短毛貓　　起源時間：19 世紀

藍色貓

由於祖先起源於寒冷的西伯利亞地區，很多地方稱牠為「冬天的精靈」。

⇨ 主要特徵：體形細長，被毛短，為中等深度的純藍色，泛出銀色光澤，毛髮獨特，質地似海豹皮。

⇨ 飼養提示：現在血統純正的俄羅斯藍貓相當稀少，想獲得一隻純正俄羅斯藍貓非常不易。所以一定要確保純種繁殖，避免雜交。

⇨ 附註：俄羅斯藍貓的鼻子和掌墊也是藍色，但幼貓除外，其杏仁狀眼睛為翡翠綠色。

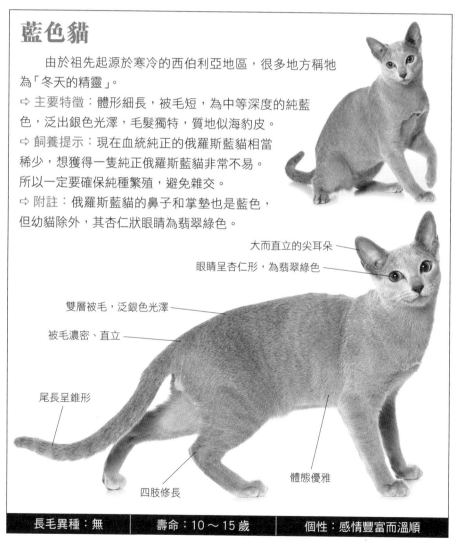

大而直立的尖耳朵

眼睛呈杏仁形，為翡翠綠色

雙層被毛，泛銀色光澤

被毛濃密、直立

尾長呈錐形

四肢修長

體態優雅

長毛異種：無	壽命：10～15 歲	個性：感情豐富而溫順

英國短毛貓

英國短毛貓的祖先們可以說「戰功赫赫」，早在2000多年前的古羅馬帝國時期，牠們就曾跟隨凱撒大帝到處征戰。在戰爭中，牠們靠着超強的捕鼠能力，保護羅馬大軍的糧草不被老鼠偷吃，充分保障了軍需後方的穩定。從此，這些貓在人們心中得到了很高的地位。該品種貓體形短胖，但是非常英俊可愛，純色貓的需求量總是很大。

原產國：英國　　　　　品種：英國短毛貓
祖先：非純種短毛貓　　起源時間：20世紀80年代

淡紫色貓

目前這個顏色品種正屬培育階段，用英國短毛貓和淡紫色長毛貓雜交，便產生了淡紫色英國短毛貓。

⇨ 主要特徵：體形矮胖，鼻子和趾墊略帶粉紅色，眼睛從深金色到古銅色不一。

⇨ 飼養提示：溫暖舒適的生活環境有利於貓的健康成長。貓窩最好在一個溫暖、通風透氣的地方。貓爬架、貓抓板、貓廁所、食盆等日常的生活用品也是必備的。

⇨ 附註：目前淡紫色英國短毛貓的數量很少。

眼睛大而圓，顏色可從深金色到橙色、古銅色不一

鼻子略帶粉紅色

兩耳間距寬

臉呈圓形

被毛短而密，很有質感

四肢強壯結實

腳爪圓

長毛異種：淡紫色波斯長毛貓	壽命：17～20歲	個性：和平而友善

原產國：英國	品種：英國短毛貓
祖先：非純種短毛貓	起源時間：20世紀80年代

朱古力色貓

　　這種顏色品種的貓雖不常見，但是因為顏色迷人，非常受人們的喜愛。

⇨ 主要特徵：身軀的顏色為鮮艷的朱古力色，沒有雜毛，具有英國短毛貓的外形，如有任何哈瓦那貓的體形將會被看成是嚴重的缺陷。

⇨ 飼養提示：對於英國短毛貓來說，清洗遠遠比梳理重要得多，因為牠們的被毛密實又柔軟，灰塵和細菌很容易藏在被毛。

⇨ 附註：英國短毛貓心理素質良好，能適應各種生活環境，溫柔易滿足，感情豐富。

耳尖呈圓形

下巴與鼻子和上唇成一條直線

鼻子較短

臉呈圓形

頸粗短

四肢粗，強壯有力

長毛異種：朱古力色波斯長毛貓	壽命：17～20歲	個性：和平而友善

原產國：英國　　　　品種：英國短毛貓
祖先：非純種短毛貓　　起源時間：20 世紀 80 年代

乳黃色貓

　　這個顏色品種自 1950 年以來一直
很受歡迎，但是許多乳黃色英國短毛貓
總是帶着虎斑，或帶有多餘的淺粉紅色。
⇨ 主要特徵：體形圓胖，四肢粗短發達，
被毛短而密，頭大臉圓，眼睛從深金色到
橙色、銅色不一。
⇨ 飼養提示：英國短毛貓不太喜歡運動，
很容易長胖，因此每天要陪牠做半小時的
運動。
⇨ 附註：隨着人們對基因顏色的了解，經過選擇培育，目前這個顏色品種虎
斑貓的出現率已經大大地降低了。

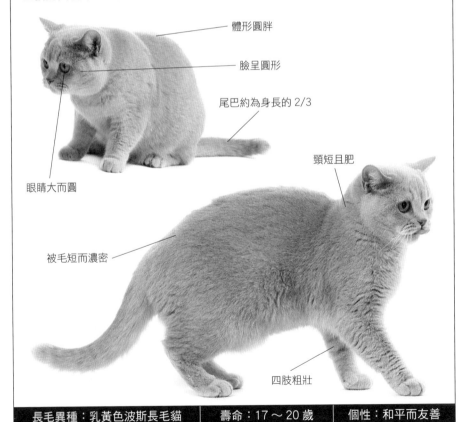

體形圓胖

臉呈圓形

尾巴約為身長的 2/3

頸短且肥

眼睛大而圓

被毛短而濃密

四肢粗壯

長毛異種：乳黃色波斯長毛貓	壽命：17 ～ 20 歲	個性：和平而友善

原產國：英國　　　　　品種：英國短毛貓
祖先：非純種短毛貓　　　起源時間：20 世紀 80 年代

銀白色標準虎斑貓

　　雖然帶虎斑的貓不如單色貓那樣受歡迎，但因為同樣有胖乎乎的圓臉、充滿好奇的眼睛和溫柔的性格，愈來愈多人喜愛牠們。

⇨ 主要特徵：底色是銀白色，斑紋為深黑色，底色與斑紋形成鮮明的對比，兩肋腹上有明顯的蠔狀圖案。

⇨ 飼養提示：訓練小貓在準備好的地方大小便時，如果小貓弄錯地方，千萬別把牠的鼻子按在大小便上面。這樣牠會被氣味所吸引，以為那便是固定的廁所。應該徹底清洗這些地方，避免貓又在此處大小便。

⇨ 附註：英國短毛貓是一種好奇心旺盛的貓。

頭寬而圓

耳內飾毛較多

前額「M」形斑紋明顯

鼻子為磚紅色，周圍有黑色框

頸部粗壯，肌肉結實，有完整的環紋

腹部毛色較淺

四肢粗短，腿上斑紋清晰

| 長毛異種：銀白色標準虎斑波斯長毛貓 | 壽命：17～20 歲 | 個性：和平而友善 |

原產國：英國　　　　品種：英國短毛貓
祖先：非純種短毛貓　　起源時間：20世紀80年代

肉桂色貓

　　這個顏色品種的英國短毛貓並不常見。如圖，吻部在大而圓的鬚肉外圍有一條明顯的分界，配上小巧的嘴巴異常可愛，很受歡迎。

⇨ 主要特徵：整個被毛顏色為單一的暖色調的肉桂啡色，其中沒有明顯的白色毛髮，外形是與其他英國短毛貓一樣的圓胖體形。

⇨ 飼養提示：新買的貓不宜馬上洗澡，特別是在寒冷的天氣裏。如果貓身體局部較髒，可用毛巾沾溫水擦洗局部；如果全身較髒，幾天後等貓稍恢復體力，再洗澡。

⇨ 附註：英國短毛貓能與其他貓、狗和諧相處，牠們貪玩，但是非常友善有愛心，並不會給人添麻煩。

耳朵基部寬，呈三角形 ——

眼睛大而圓，兩眼間距寬 ——

被毛短而密 ——

體形圓胖 ——

長毛異種：肉桂色波斯長毛貓	壽命：17～20歲	個性：和平而友善

頭頂較平坦

腳爪大而圓

頸短

臉呈圓形

吻部突出

四肢粗短強壯

原產國：英國　　　　　品種：英國短毛貓
祖先：非純種短毛貓　　起源時間：20世紀80年代

黑毛尖色貓

　　最初被稱為金吉拉短毛貓，1918年以後才被稱為黑毛尖色英國短毛貓。

⇨ 主要特徵：身體下方，從下巴到尾部為純白色，身體上半部分的黑色毛尖色明顯，並沿肋腹而下，延伸至腿以及尾巴上。毛尖色的顏色分佈均勻。眼睛為綠色。

⇨ 飼養提示：貓和人皮膚的酸鹼度不同，皮膚的薄厚也不一樣，要給牠準備專門的寵物浴液。

⇨ 附註：幼貓仍明顯帶有金吉拉長毛貓的特徵。

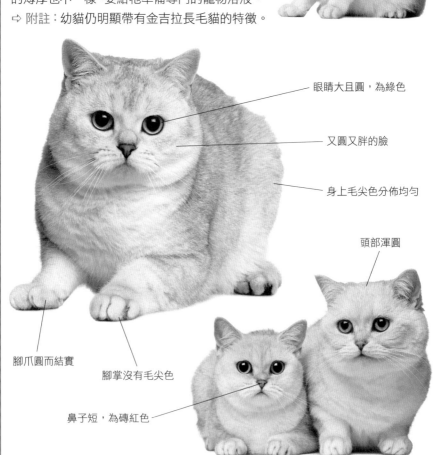

眼睛大且圓，為綠色

又圓又胖的臉

身上毛尖色分佈均勻

頭部渾圓

腳爪圓而結實

腳掌沒有毛尖色

鼻子短，為磚紅色

長毛異種：黑色毛尖波斯長毛貓	壽命：17～20歲	個性：平和而友善

乳黃色斑點貓

在已獲得承認的任何一種純色的貓中，都有可能培育出斑點貓。

⇨ 主要特徵：斑點界限分明，顏色對比並不太醒目，斑點的大小可以不同。

⇨ 飼養提示：當小貓在 3～4 周大開始吃固體食物時，可開始對牠進行大小便的訓練，使牠從小養成良好的習慣。

⇨ 附註：斑點狀的被毛圖案常見於野貓中，自然生長的非純種貓，特別是地中海東部地區的非純種貓也會有這種被毛圖案。

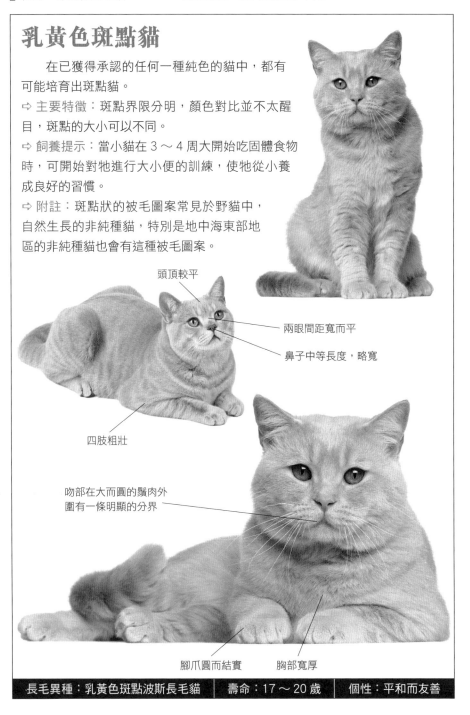

頭頂較平

兩眼間距離寬而平

鼻子中等長度，略寬

四肢粗壯

吻部在大而圓的鬚肉外圍有一條明顯的分界

腳爪圓而結實　　胸部寬厚

長毛異種：乳黃色斑點波斯長毛貓	壽命：17～20 歲	個性：平和而友善

原產國：英國　　　　品種：英國短毛貓
祖先：非純種短毛貓　起源時間：20世紀80年代

紅毛尖色貓

　　任何單色和玳瑁色英國短毛貓都能培育出帶有毛尖色的貓。這個顏色品種很受女性的歡迎。

⇨ 主要特徵：毛尖色為紅色，底層被毛為白色，眼睛從深金色到橙色、銅色不一。

⇨ 飼養提示：小貓斷奶時，可吃摻有奶的流質食物，如麥片粥。然後逐漸在飲食中加進肉，直到小貓8周大時完全斷奶。

⇨ 附註：毛尖色貓的顏色有深有淺，而顏色較深的底層被毛與毛尖色的對比更明顯，所以也更受歡迎。

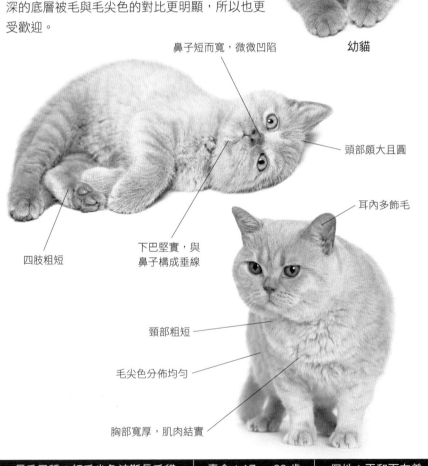

幼貓

鼻子短而寬，微微凹陷

頭部頗大且圓

耳內多飾毛

下巴堅實，與鼻子構成垂線

四肢粗短

頸部粗短

毛尖色分佈均勻

胸部寬厚，肌肉結實

長毛異種：紅毛尖色波斯長毛貓	壽命：17～20歲	個性：平和而友善

原產國：英國　　　　品種：英國短毛貓
祖先：非純種短毛貓　　起源時間：20 世紀 70 年代

銀色斑點貓

　　這個顏色品種是斑點貓中最受歡迎的顏色之一，他們身上的斑點與底色對比鮮明。

⇨ 主要特徵：底色為銀色，斑點清晰，不能相互摻雜，斑點的大小不必一致。

⇨ 飼養提示：應每天 24 小時供給貓新鮮的食水，尤其是在餵貓乾食物時。餵貓特別忌諱的是除定時、定量餵食物外，再餵零食。

⇨ 附註：這個顏色品種因為在 1965 年英國的切爾滕納姆展會上獲得了「最佳短毛貓」的頭銜而聲名顯赫。

兩耳間距寬

前額有「M」形虎斑

眼睛大而圓

雙頰豐滿

鼻子較寬

頸粗短

被毛短而密

四肢粗壯結實

長毛異種：銀色斑點波斯長毛貓　｜　壽命：17～20 歲　｜　個性：平和而友善

原產國：英國　　　　　品種：英國短毛貓
祖先：非純種短毛貓　　起源時間：20 世紀 80 年代

藍色貓

　　這是英國短毛貓中比較傳統的顏色品種，在所有單色英國短毛貓中牠們最受歡迎。

⇨ 主要特徵：眼睛多為金色或紅銅色。被毛為由淺到中等深度的藍色，且整體顏色非常均勻，同時身體的任何地方都不能有白色雜毛或虎斑紋。

⇨ 飼養提示：小貓的性格不穩定，而且會很淘氣，但主人不能打罵牠們，因為貓都很敏感，小時候受驚嚇過多，長大以後就會對人產生很強的戒心。

⇨ 附註：在幼貓時沒有閹割的公貓，牠們在成長過程中會長出特別的頸垂肉。

臉呈圓形

後背平坦

四肢粗短肥壯

腳掌圓而結實

| 長毛異種：藍色波斯長毛貓 | 壽命：17 ～ 20 歲 | 個性：平和而友善 |

眼睛從深金色到橙色、銅色不一

兩頰飽滿

頸粗短，頸垂肉肥大

兩耳距離較遠

藍色掌墊

胖而圓的身體

被毛短而濃密，顏色均勻無虎斑

原產國：英國　　　　品種：英國短毛貓
祖先：非純種短毛貓　　起源時間：20 世紀 80 年代

啡色標準虎斑貓

　　19世紀末《愛麗斯夢遊仙境》中路易斯‧卡洛爾的柴郡貓就被描繪成一隻英國短毛斑紋貓，由此可見牠們的美麗、可愛和受歡迎程度。

⇨ 主要特徵：被毛底色為濃艷的像紅銅一樣的啡色為佳品，虎斑為黑色。

⇨ 飼養提示：主人要有防病意識。帶着貓到處玩耍，甚至與發病的貓在一起玩耍，很容易使貓染上疾病。

⇨ 附註：1968 年，虎斑貓俱樂部成立，目的是要促進虎斑貓的發展。目前來説，這個顏色品種的優良展示貓仍然很難獲得。

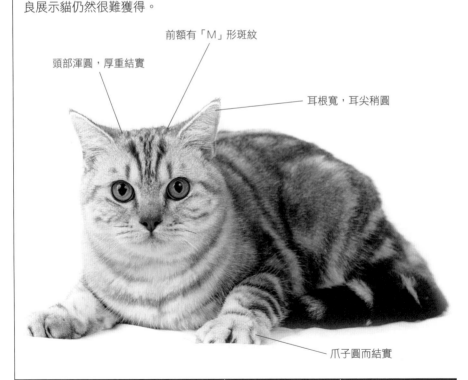

前額有「M」形斑紋

頭部渾圓，厚重結實

耳根寬，耳尖稍圓

爪子圓而結實

長毛異種：啡色標準虎斑波斯長毛貓	壽命：17～20 歲	個性：平和而友善

兩眼間位置寬而平

鼻子有輕微下凹

吻部飽滿

胸部寬厚

尾巴長度為身體的 2/3

被毛顏色濃艷，
塊狀斑紋清晰

重點色英國短毛貓

這是一個比較新的品種，1991年在英國才開始被承認。20世紀80年代，牠們由英國短毛貓與暹羅貓混種培育而來，形體上與英國短毛貓一致，個性上與暹羅貓相比更為沉靜，但是被毛圖案上卻帶着暹羅貓的重點色。這種貓體形還在改良，但人們已經在培育各種顏色、品質優良的貓。這個品種的貓感情豐富，會是個好夥伴。

▌原產國：英國 　　　　　品種：重點色英國短毛貓
▌祖先：英國短毛貓 × 暹羅貓　起源時間：20 世紀 80 年代

藍色重點色貓

　　育貓者正在對這種貓不斷地進行改良，所以重點色英國短毛貓的知名度與受歡迎程度將會不斷提升。

⇨ 主要特徵：體形矮胖。底色為冰川白，與中等深度的藍色重點色形成鮮明對比。眼睛為藍色。

⇨ 飼養提示：貓全身由濃密的被毛覆蓋，除腳趾處分佈有少量汗腺外，體表其餘部分缺乏汗腺，因而對熱的調節功能較差。所以，夏季應給貓提供一個乾燥、涼爽、通風、無烈日直射的生活環境。

⇨ 附註：牠們的被毛質地脆，以及任何柔軟或似羊毛狀的被毛都會被視為缺陷。

幼貓

兩耳間距大

眼睛大而圓

被毛短而密，質地脆

腳掌圓而結實

腿短而結實

重點色顏色均勻

長毛異種：藍色重點色長毛貓	壽命：15 ～ 20 歲	個性：感情豐富

原產國：英國　　　　　品種：重點色英國短毛貓
祖先：英國短毛貓 × 暹羅貓　起源時間：20 世紀 80 年代

藍乳色重點色貓

　　這種藍乳色重點色短毛貓是玳瑁色貓的淡化品種。

⇨ 主要特徵：藍色重點色上帶有乳黃色斑紋，身體顏色為淺藍色與乳色相互摻雜，頭部、尾巴及四肢顏色較深，背部與身體兩側分佈有乳色斑紋。

⇨ 飼養提示：為了防止貓患上春天易發的毛球症，可以種一些貓草給貓吃。對於不會自己主動吃貓草的貓，主人可以將貓草剪成一小段，然後摻在貓的食物裏。

⇨ 附註：因為牠們是玳瑁色貓的淡化品種，所以與其他的玳瑁貓一樣，幾乎沒有公貓。

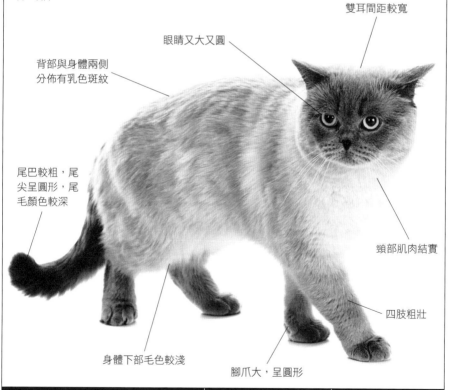

雙耳間距較寬

眼睛又大又圓

背部與身體兩側分佈有乳色斑紋

尾巴較粗，尾尖呈圓形，尾毛顏色較深

頸部肌肉結實

四肢粗壯

身體下部毛色較淺

腳爪大，呈圓形

長毛異種：藍乳色重點色長毛貓	壽命：15 ～ 20 歲	個性：感情豐富

原產國：英國　　　　　品種：重點色英國短毛貓
祖先：英國短毛貓 × 暹羅貓　起源時間：20 世紀 80 年代

乳黃色重點色貓

　　體形上與英國短毛貓極為相似，但是保留了暹羅貓的重點色。牠們有着圓圓的身體和胖胖的臉頰，非常受愛貓者特別是女性的歡迎。

⇨ 主要特徵：身形矮胖，身體基色是乳黃色，重點色是比之較深的濃乳黃色，有斑塊和條紋。臉形較圓，鼻短而寬，鼻樑有明顯的凹陷。

⇨ 飼養提示：夏季也應給貓餵食加熱煮熟的食物，以殺死食物中病原微生物和細菌。不能讓貓食用生的食物，以防腹瀉。

⇨ 附註：和其他英國短毛貓一樣，牠們的牙齒咬合整齊。

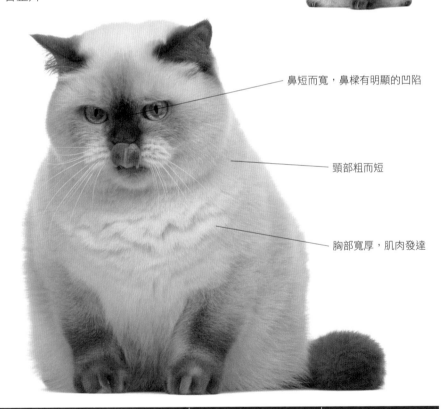

鼻短而寬，鼻樑有明顯的凹陷

頸部粗而短

胸部寬厚，肌肉發達

長毛異種：乳黃重點色長毛貓	壽命：15～20 歲	個性：感情豐富

眼睛為藍色

耳朵小，耳內飾毛濃密

頭部寬且圓

胖而圓滾滾的身體

面部、耳部、四肢
與尾巴重點色明顯

尾巴根部粗，尾尖呈圓形

幼貓

腳掌圓而結實

歐洲短毛貓

是英國短毛貓和美國短毛貓的類似品種，1982年才被認可為獨立品種，此前牠們被列入英國短毛貓之列。牠們的外表與英國短毛貓相似但沒有其血統，身體和臉比英國短毛貓稍長，被毛短而濃密，質地脆且易折斷；性格警惕敏感，捕獵本領強，是捉鼠能手。但該品種沒有得到英國GCCF（愛貓管理委員會）組織的承認。

原產國：意大利	品種：歐洲短毛貓
祖先：非純種短毛貓	起源時間：1982年

白色貓

歐洲短毛貓的體形沒有英國短毛貓結實，身體和四肢也更長且纖細，整體給人輕快的感覺。

⇨ 主要特徵：被毛為純白色，短而密，沒有雜毛。臉圓，但是比英國短毛貓稍長。

⇨ 飼養提示：主人要經常抱抱貓，或者經常和牠說話，也可以將食物放在手上餵給貓，這樣可以增進與貓之間的感情。

⇨ 附註：歐洲短毛貓遠不如牠們的英國「親戚」有名，這個品種血統中亦未與英國短毛貓種雜交。

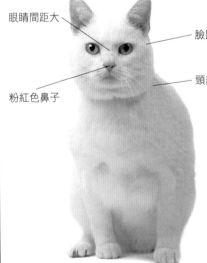

眼睛間距大

臉圓，耳朵直立

頸部肌肉發達

粉紅色鼻子

四肢強壯而結實

長毛異種：白色波斯長毛貓	壽命：15～20歲	個性：敏感

原產國：意大利　　　　品種：歐洲短毛貓
祖先：非純種短毛貓　　起源時間：1982 年

玳瑁色白色貓

　　歐洲短毛貓是在人們把歐洲的土貓當成一種品種的構想下誕生的，是目前仍在改良中的新品種。

⇨ 主要特徵：被毛上有三種顏色，分佈在身體各處，被毛圖案輪廓清晰。

⇨ 飼養提示：歐洲短毛貓的舌面粗糙，有特殊的帶倒刺的舌乳頭，就像一把梳子。牠們很愛乾淨，經常用舌頭梳理清潔自己的毛髮，因此主人要定期給貓餵吐毛劑。

⇨ 附註：和英國短毛貓或美國短毛貓太形似，身體太大或太粗短，臉頰下垂，羊毛狀的長毛都被認為是劣品。

耳尖微圓，也可是猞猁尖

眼睛大而圓

臉部帶有面斑

被毛上有三種顏色，分佈在身體各處

白毛區佔被毛的 1/3 ～ 1/2

腳爪圓形有力

幼貓

長毛異種：玳瑁色和白色波斯長毛貓	壽命：15 ～ 20 歲	個性：敏感

原產國：意大利　　　　品種：歐洲短毛貓
祖先：非純種短毛貓　　起源時間：1982 年

啡色虎斑貓

　　歐洲短毛貓起源於歐洲大陸，虎斑狀的歐洲短毛貓很常見，但是牠們似乎並不太受人們歡迎。

⇨ 主要特徵：身體基色為淺啡色，
上面有較深的斑紋，鼻子為磚
紅色。

⇨ 飼養提示：生病的貓通常表現
為無精打采、喜臥、眼睛無神或半閉，對聲音或外來刺激
反應遲鈍。病情愈重，反應就愈弱，主人應注意及時帶貓就醫。

⇨ 附註：歐洲短毛貓四肢中等長度，雄貓體重可達 8 千克。

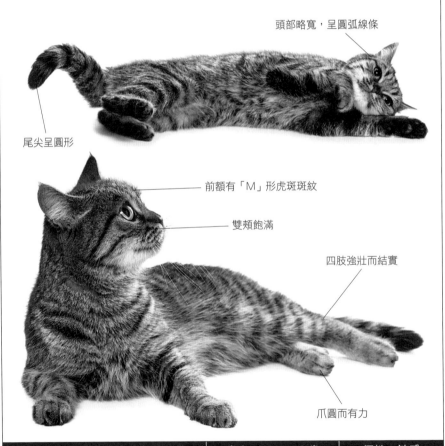

頭部略寬，呈圓弧線條

尾尖呈圓形

前額有「M」形虎斑斑紋

雙頰飽滿

四肢強壯而結實

爪圓而有力

長毛異種：啡色虎斑波斯長毛貓	壽命：15～20 歲	個性：敏感

原產國：意大利　　　品種：歐洲短毛貓
祖先：非純種短毛貓　起源時間：1982 年

金色虎斑貓

　　歐洲大陸養貓已有1000多年的歷史，並出現了許多非選擇性培育的顏色品種。培育者正着重把歐洲短毛貓培育成被毛圖案輪廓清晰的品種。

⇨ 主要特徵：前額有明顯「M」形虎斑，頸部有完整的頸圈，外形特徵與其他歐洲短毛貓沒有差別。

⇨ 飼養提示：如果貓生病了，牠們會有不同程度的厭食或拒食現象，這時要留意貓的飲水量，貓發熱或腹瀉脫水時飲水量會增加，但病重或嚴重衰弱時飲水量會減少。

⇨ 附註：花紋清晰的虎斑貓更受人們喜歡。

頭上有「M」形虎斑斑紋

前額稍圓

耳朵間距大

臉部較圓，
雙頰飽滿

下巴圓而堅實

胸部寬且肌肉發達

四肢強壯而結實

長毛異種：金色虎斑波斯長毛貓	壽命：15 ～ 20 歲	個性：敏感

原產國：意大利	品種：歐洲短毛貓
祖先：非純種短毛貓	起源時間：1982 年

銀黑色虎斑貓

　　歐洲短毛貓強壯耐勞，適應能力強。牠們的捕獵本領強，是捉鼠能手。

⇨ 主要特徵：黑色斑紋與銀色底色對比清晰，沿脊背中心有一條細黑線紋蔓延而下，兩側均有不完整的線紋，尾部有環紋。

⇨ 飼養提示：給貓洗澡的時候，最好選擇比較溫暖的地方，或者選擇一天中最溫暖的時候，以免貓感冒。洗澡動作要迅速，盡可能在短時間內洗完。

⇨ 附註：歐洲短毛貓渾身充滿朝氣，聰明而警惕。

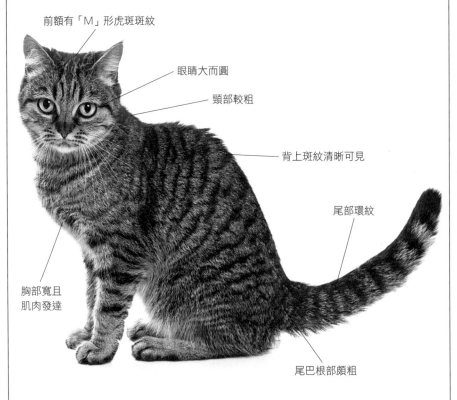

前額有「M」形虎斑斑紋

眼睛大而圓

頸部較粗

背上斑紋清晰可見

尾部環紋

胸部寬且肌肉發達

尾巴根部頗粗

長毛異種：銀黑色虎斑波斯長毛貓	壽命：15 ～ 20 歲	個性：敏感

原產國：意大利　　　　品種：歐洲短毛貓
祖先：非純種短毛貓　　起源時間：1982 年

玳瑁色魚骨狀虎斑白色貓

　　這個種類的貓骨架粗，肌肉發達，身形也較英國短毛貓、美國短毛貓更纖細。

⇨ 主要特徵：身上帶有黑、紅、白色斑塊和不同的花紋，每隻貓的斑紋也不同。

⇨ 飼養提示：貓出生後 4～8 周，生長發育較快，此時體重已達 0.5～1 千克，具備獨立生活的能力，這時是買貓的最佳時間。貓的年齡過大，就不容易與主人建立感情。

⇨ 附註：雌貓對主人很親切，牠們身強力壯，很少發生難產，幼貓生長發育也很快。

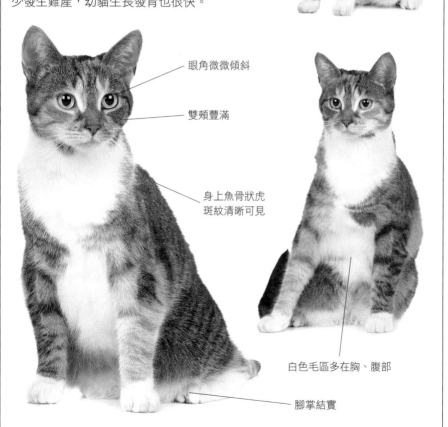

眼角微微傾斜

雙頰豐滿

身上魚骨狀虎斑紋清晰可見

白色毛區多在胸、腹部

腳掌結實

| 長毛異種：玳瑁色魚骨狀虎斑和白色波斯長毛貓 | 壽命：15～20 歲 | 個性：敏感 |

原產國：意大利　　　　品種：歐洲短毛貓
祖先：非純種短毛貓　　起源時間：1982 年

啡色標準虎斑貓

　　英國短毛貓也有此顏色品種，二者最明顯的區別是，歐洲短毛貓的頭略長，整體外觀顯得不那麼矮胖。

⇨ 主要特徵：身體基色為銅啡色，虎斑為黑色，頸部有完整頸圈。

⇨ 飼養提示：幼貓需要大量的營養和熱量，所以幼貓必須食用經過特殊配方的優質貓糧。這類優質幼貓糧以肉類為主要原料，含有大量營養素，且容易消化。

⇨ 附註：歐洲短毛貓除了朱古力色、淡紫色和重點色以外，其他顏色也是人們可以接受的。

前額有「M」形虎斑斑紋

鼻子較短

頭部寬且圓

兩肋腹上有蠔狀圖案

頸部有完整的頸圈

四肢強壯有力

尾巴由根部到尾尖逐漸變細

長毛異種：啡色標準虎斑波斯長毛貓	壽命：15～20 歲	個性：敏感

東方短毛貓

19世紀晚期，暹羅貓被引入西方，其中有一些是單一顏色沒有斑紋的，當時只有藍色眼睛的暹羅貓才能參展。東方短毛貓繼承了暹羅貓優雅修長的體形。如今，這個品種有單色貓和帶斑紋圖案的貓兩類。另外，該品種還可培育出其他近400種顏色的貓。

原產國：英國　　　　　品種：東方短毛貓
祖先：暹羅貓交叉配種　起源時間：20 世紀 50 年代

外來白色貓

哈瓦那貓培育成功後，英國有人開始用暹羅貓和白色短毛貓交叉配種，於是就有了外來白色貓種。

⇨ 主要特徵：就外形而言，如今外來白色貓與暹羅貓已無法分別，只是被毛顏色上仍有差異。

⇨ 飼養提示：給貓清除耳垢時，可以先用酒精棉球消毒外耳道，再用棉棒蘸取橄欖油或食用油，浸潤乾燥的耳垢，待其軟化後，用鑷子將耳垢取出，注意不要將耳道黏膜碰破。

⇨ 附註：在英國獲准參展時是用「外來白色貓」的名字，但現在國際上多稱之為「東方白貓」。

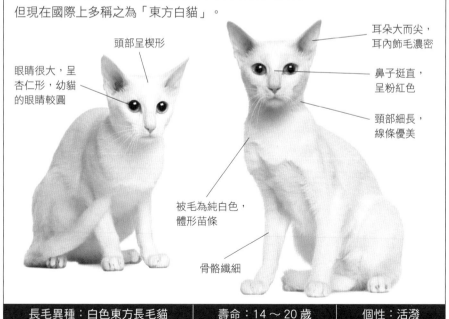

頭部呈楔形

眼睛很大，呈杏仁形，幼貓的眼睛較圓

耳朵大而尖，耳內飾毛濃密

鼻子挺直，呈粉紅色

頸部細長，線條優美

被毛為純白色，體形苗條

骨骼纖細

| 長毛異種：白色東方長毛貓 | 壽命：14～20 歲 | 個性：活潑 |

原產國：英國　　　　　　品種：東方短毛貓
祖先：非純種短毛貓　　　起源時間：20 世紀 50 年代

外來藍色貓

　　1972 年 CFA（國際愛貓聯合會）認可了東方短毛貓這個品種，該品種目前仍屬稀有品種。

⇨ 主要特徵：毛色為純藍色，沒有任何白色雜毛，眼睛為綠色。

⇨ 飼養提示：東方短毛貓十分喜歡親近主人，並且牠們的嫉妒心比較強，如果主人冷落牠們的話，牠們不但會吃醋，還可能會發脾氣。

⇨ 附註：牠們性格活潑、外向，喜歡交際，愛「說話」，嗓音大，不喜歡孤獨。

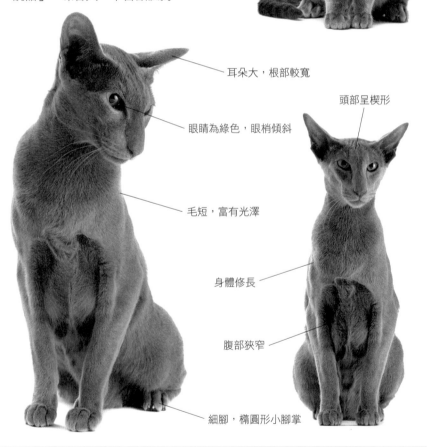

耳朵大，根部較寬

頭部呈楔形

眼睛為綠色，眼梢傾斜

毛短，富有光澤

身體修長

腹部狹窄

細腳，橢圓形小腳掌

長毛異種：藍色東方長毛貓	壽命：14～20 歲	個性：活潑

| 原產國：英國 | 品種：東方短毛貓 |
| 祖先：非純種短毛貓 | 起源時間：20 世紀 50 年代 |

外來黑色貓

也有人認為：東方短毛貓是更原始的品種，而暹羅貓僅僅是牠的一個重點色的變種而已，牠們都起源於泰國。

⇨ 主要特徵：身體顏色為純黑色，成年貓的身上沒有鐵銹色或灰色。

⇨ 飼養提示：東方短毛貓是東方體形，也就是瘦貓，所以主人要特別注意牠們的食量，不要讓牠們暴飲暴食，這樣貓才能保持纖細修長的好身材。

⇨ 附註：牠們的被毛烏黑油亮，又被稱為「東方烏木貓」。在現在飼養的東方短毛貓中歷史最悠久。

頭部呈楔形

眼睛杏仁形，祖母綠色

毛髮短而密，烏黑油亮

體毛緊貼身體

四肢修長，和身體比例協調

耳朵大而尖

尾巴細長

骨骼纖細

| 長毛異種：黑色東方長毛貓 | 壽命：14 ～ 20 歲 | 個性：活潑 |

原產國：英國　　　　　品種：東方短毛貓
祖先：非純種短毛貓　　　起源時間：20 世紀 50 年代

哈瓦那貓

　　1954年該品種首次在英國展出時，因當時品種獨
特的體形尚未出現，而飽受「類似緬甸貓」的非難。
但後來因出現半外國型的體形而獲得美國的承認。
⇨ 主要特徵：具有暹羅貓般纖細優雅的體形，眼睛為
杏仁形，呈綠色。
⇨ 飼養提示：紅蘿蔔是很多貓的最愛，它富含的
胡蘿蔔素在貓體內會部分轉化為維他命 A，有清
肝明目的功效。
⇨ 附註：美國哈瓦那貓的頭比英國哈瓦那貓的頭要短，
臉要圓，而毛卻較長；而且牠們的體形是半矮腳馬形
的，不是肌肉發達的結實類型。

頭部呈三角形

耳朵很大，
根部較寬

眼睛為綠色

鼻子挺直且較長

臉頰瘦削

吻部細小，
形狀精緻

腿細長

橢圓形小腳掌

長毛異種：啡色東方長毛貓	壽命：14～20 歲	個性：活潑

原產國：英國	品種：東方短毛貓
祖先：非純種短毛貓	起源時間：20 世紀 50 年代

黑白貓

　　東方短毛貓體重一般為 4～6.5 千克，四肢修長，骨骼
纖細，肌肉發達，體態優雅。

⇨ 主要特徵：全身比例適當，體態均勻，黑、白色毛
區輪廓清晰，界限分明。

⇨ 飼養提示：千萬不要餵提子和提子乾
給貓吃，否則會導致貓嘔吐和腹瀉，
出現急性腎功能衰竭，甚至死亡。

⇨ 附註：東方短毛貓的適應能力很強，面對陌生的環境
可以泰然處之，沒有一絲恐懼。

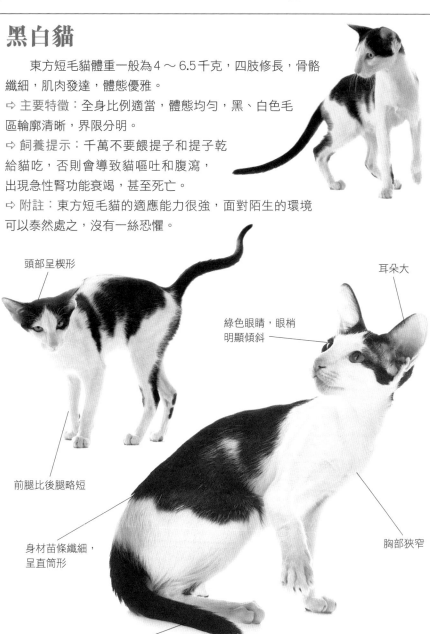

頭部呈楔形

綠色眼睛，眼梢
明顯傾斜

耳朵大

前腿比後腿略短

身材苗條纖細，
呈直筒形

胸部狹窄

尾巴細長，由根部
到尾尖逐漸變細

長毛異種：黑白色東方長毛貓	壽命：14～20 歲	個性：活潑

原產國：英國	品種：東方短毛貓
祖先：暹羅貓交叉配種	起源時間：20 世紀 50 年代

啡色白色貓

　　這個品種的貓智商很高，是一般純種貓所無法比擬的。牠們天生好動，給人一種「遊戲人生」的感覺。牠們的外表頗具異國韻味，充滿了神秘感。

⇨ 主要特徵：啡色與白色分佈均勻，且輪廓清晰，身體修長。

⇨ 飼養提示：其實並非所有貓都愛吃魚，不過魚肉中富含貓所需的各種營養，尤其是對眼睛有益的牛磺酸，某些魚肉中含有的 OMEGA-3 還能讓貓擁有亮麗的皮毛。

⇨ 附註：頭部圓、寬、過短，吻部短、寬，鼻終止或臉頰和鼻出現分界，耳小、耳間距太小，身體短而粗壯，腿短，被毛粗糙等均會被視為劣品。

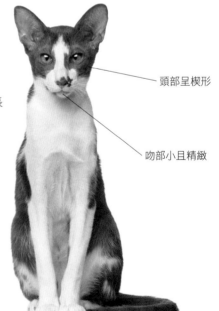

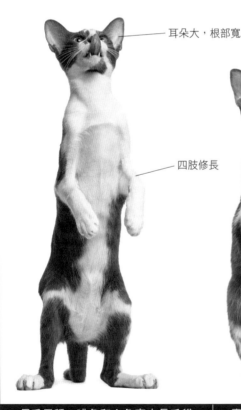

耳朵大，根部寬

四肢修長

頭部呈楔形

吻部小且精緻

長毛異種：啡色和白色東方長毛貓	壽命：14 ～ 20 歲	個性：活潑

眼睛杏仁形，祖母綠色

鼻子挺直

被毛細膩，顏色均勻

白色毛區多分佈在吻部、
頸部、胸腹部及四肢

尾巴細長，尾尖較尖

橢圓形小腳掌

原產國：英國 品種：東方短毛貓
祖先：非純種短毛貓 起源時間：20 世紀 50 年代

玳瑁色白色貓

　　東方短毛貓不僅體形修長優雅，而且走起路來姿態雍容高貴，顯得非常有教養。

⇨ 主要特徵：典型的玳瑁色圖案明顯，白色毛區分佈在身體下部與吻部，臉上多有斑。

⇨ 飼養提示：主人宜每天陪愛貓做半個小時左右的遊戲。這樣，既可以增進你和貓的感情，又可以一起保持勻稱的身材。

⇨ 附註：東方短毛貓性早熟，9 個月左右開始發情，而且頻繁鬧貓叫喊，比一般的貓高產。

耳朵大，呈三角形

臉頰瘦削，臉上有斑紋

眼睛明顯傾斜向耳朵，祖母綠色

鼻子挺直

頭部呈楔形

毛短，且柔滑、油亮

腳爪小，呈橢圓形

長毛異種：玳瑁色和白色東方長毛貓	壽命：14～20 歲	個性：活潑

| 原產國：英國 | 品種：東方短毛貓 |
| 祖先：非純種短毛貓 | 起源時間：20 世紀 50 年代 |

黑玳瑁色銀白斑點貓

這個顏色品種的貓身上具有的虎斑紋及東方貓體形，在評審時往往比玳瑁圖案斑紋更重要。

⇨ 主要特徵：身體的基色為較淺的藍色，同時帶有銀色，身上的斑點是圓形，並且輪廓分明。頭上有「M」形虎斑斑紋。

⇨ 飼養提示：為東方短毛貓梳理時，可先用水將毛打濕，再進行揉搓，使被毛豎起，然後梳理。

⇨ 附註：東方短毛貓活潑好動，好奇心強，喜歡攀高跳遠和與人嬉戲，對主人忠心耿耿。

身上玳瑁圖案明顯

被毛濃密細膩，顏色均勻

頭上有「M」形虎斑斑紋

尾巴細長柔軟

頭部呈楔形

耳大，耳尖較尖

眼睛為綠色，眼梢傾斜

| 長毛異種：玳瑁黑色銀白斑點東方長毛貓 | 壽命：14 ～ 20 歲 | 個性：活潑 |

原產國：英國　　　　　品種：東方短毛貓
祖先：非純種短毛貓　　起源時間：20 世紀 50 年代

乳黃色斑點貓

　　1960 年以後，英國刊物上可看到有關
「外國短毛貓」的大量報道；1975 年，美國
才正式承認東方短毛貓這一品種。

⇨ 主要特徵：斑點顏色為深褐色，身體底
色為濃乳黃色，斑點為間隔均勻的圓形。

⇨ 飼養提示：餵養時所用的貓糧最好是
固定品牌，如果需要為愛貓更換其他品牌
的貓糧，一定要有一個過程。

⇨ 附註：各種虎斑花色的東方短毛貓愈
來愈受美國人喜愛。

下巴毛色較淺

四肢上有明顯的橫條紋

耳朵大而尖，
耳根部寬

前額有清晰的「M」形斑紋

頸部有不完整的環紋

軀幹細長，體形苗條

尾巴上有環形紋

長毛異種：乳黃色斑點東方長毛貓	壽命：14 ～ 20 歲	個性：活潑

原產國：英國　　　　品種：東方短毛貓
祖先：非純種短毛貓　　起源時間：20世紀50年代

朱古力色貓

　　東方短毛貓和暹羅貓比起來，性格要顯得沉靜一些，但同樣親切且需要伴侶。

⇨ 主要特徵：體形苗條，被毛顏色為深朱古力色，沒有雜毛，幼貓顏色較淺。

⇨ 飼養提示：貓對氣味很敏感，如果家裏同時養了兩隻貓，洗澡時不能只給其中一隻洗，那樣會使沒有洗澡的貓聞不出洗過澡的貓的氣味，並因此拒絕與其玩耍。

⇨ 附註：東方短毛貓被毛細短光滑，很容易保養。

四肢細長，肌肉結實

頭形長

吻部細小

胸部肌肉發達

尾巴細長柔軟

身體側面輪廓成直線

全身被毛油亮光滑、毛色均勻

臉頰凹陷

長毛異種：朱古力色東方長毛貓	壽命：14～20歲	個性：活潑

原產國：英國　　　　品種：東方短毛貓
祖先：暹羅貓交叉配種　　起源時間：20 世紀 50 年代

啡色虎斑貓

　　東方短毛貓的誕生是個意外。當初培育者為了得到純白暹羅貓，便將白貓與暹羅貓配種，但牠們的後代卻顯現出各式的遺傳基因，誕生了多彩多姿的東方短毛貓。

⇨ 主要特徵：身體底色為濃乳黃色，虎斑紋為深啡色，眼睛為綠色。

⇨ 飼養提示：東方短毛貓喜歡玩耍，特別是晚上。為了不打擾到家人休息，可從幼貓時期就教導貓將玩耍時間提前到家人吃完晚飯後。

⇨ 附註：東方短毛貓的嘴唇和下巴上可能有白色毛區，但一般只限於這兩個位置而已。

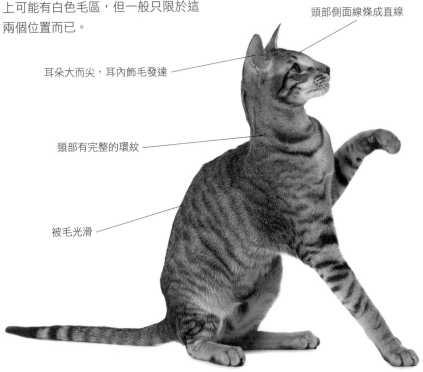

頭部側面線條成直線

耳朵大而尖，耳內飾毛發達

頸部有完整的環紋

被毛光滑

長毛異種：啡色虎斑東方長毛貓	壽命：14～20 歲	個性：活潑

綠色的眼睛為杏仁形

前額有「M」形虎斑斑紋

嘴唇和下巴毛色較淺

四肢修長，肌肉結實

胸部肌肉結實

尾巴細長，尾尖為帶黑色的深褐色

阿比西尼亞貓

又稱埃塞俄比亞貓，也因步態優美被譽為「芭蕾舞貓」，英國人亦稱牠們為兔貓或球貓。阿比西尼亞貓體形苗條，被毛濃密，四肢細長，肌肉發達。頭為楔形，眼睛大，呈金黃色、綠色和淡褐色。下巴、嘴唇及眼邊緣有淺奶色條紋。由於具有這種條紋並且頭上有許多斑點，使得阿比西尼亞貓很像小型美洲獅。

原產國：英國　　　　　品種：阿比西尼亞貓
祖先：非純種斑紋毛色短毛貓　起源時間：19 世紀 60 年代

淡紫色貓

有些人相信阿比西尼亞貓是最古老的土產貓之一，不過牠們在1983年才得到英國貓協會的認可，目前屬流行的短毛品種。

⇨ 主要特徵：身體基色為暖色調的帶粉紅色的灰色，毛髮上有同色的斑紋。

⇨ 飼養提示：小貓身體抵抗力差，為了牠的健康，要全面關注飼養小貓的環境，定時清潔小貓的窩。

⇨ 附註：阿比西尼亞貓每次產子 4 隻左右，剛出生的小貓毛色是黑色的，以後會一點點變淺。

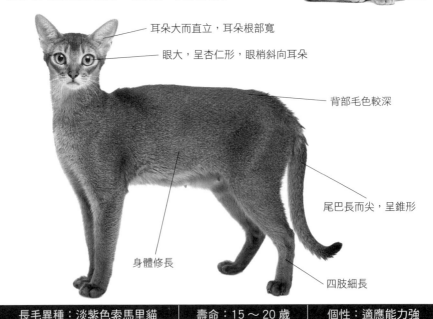

— 耳朵大而直立，耳朵根部寬

— 眼大，呈杏仁形，眼梢斜向耳朵

— 背部毛色較深

— 尾巴長而尖，呈錐形

身體修長 —

四肢細長 —

長毛異種：淡紫色索馬里貓	壽命：15～20 歲	個性：適應能力強

原產國：英國　　　　　品種：阿比西尼亞貓
祖先：非純種斑紋毛色短毛貓　起源時間：19世紀60年代

朱古力色貓

　　牠們四肢細長，肌肉發達，軀幹柔軟靈活，尾巴、腳爪和虎斑貓相似，但身形體態與虎斑貓有差別。

⇨ 主要特徵：身體背部和後腿外側為朱古力色，被毛色澤和斑紋均勻。

⇨ 飼養提示：阿比西尼亞貓不喜歡被人抱，不要強迫牠們。

⇨ 附註：阿比西尼亞貓喜歡單獨居住，非常喜歡爬樹。牠們有着悅耳的嗓音，就算處於發情期，也不會出現十分大的叫聲。

耳朵大而直立，耳廓邊緣薄

下巴、吻部及眼邊緣有淺奶色條紋

頸部肌肉結實

吻部短而堅實

鼻樑稍隆

腳爪纖巧

尾巴呈錐形

長毛異種：朱古力色索馬里貓	壽命：15～20歲	個性：適應能力強

原產國：英國　　　　　品種：阿比西尼亞貓
祖先：非純種斑紋毛色短毛貓　起源時間：19 世紀 60 年代

普通貓

　　阿比西尼亞貓體態優雅迷人，眼睛閃爍着金色光澤，是很受歡迎的短毛貓種。

⇨ 主要特徵：身體顏色為金啡色，毛根顏色稍發紅，每根毛都有 2～3 道斑紋。

⇨ 飼養提示：阿比西尼亞貓喜歡生活在比較寬敞的環境裏，喜歡自由活動，不適合一直養在室內。

⇨ 附註：傳說現在的阿比西尼亞貓是古埃及被拜為「神聖之物」的古埃及貓的後裔，在保存下來的古埃及神貓的木乃伊中，有一種血紅色的貓和牠十分相像。因此，許多人認為牠是古埃及神貓的直系後代。

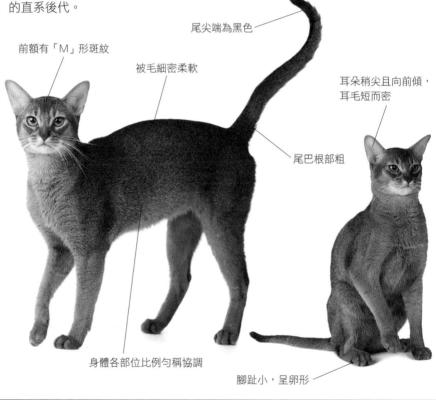

尾尖端為黑色

前額有「M」形斑紋

被毛細密柔軟

耳朵稍尖且向前傾，耳毛短而密

尾巴根部粗

身體各部位比例勻稱協調

腳趾小，呈卵形

長毛異種：淺紅色索馬里貓	壽命：15～20 歲	個性：適應能力強

柯尼斯捲毛貓

源自於英國康沃爾郡，最明顯的特徵是捲曲的皮毛。貓的毛色多樣，體形相對來說富有異國風情或東方格調。頭部細小，呈楔形，頭頂平，頰骨高，臉頰輪廓分明，耳朵特別大。一般貓的被毛由三種毛髮組成：長而粗的護毛，較細但厚實的芒毛和極細的絨毛。但是柯尼斯捲毛貓沒有護毛，所以被毛很柔軟。

原產國：英國	品種：柯尼斯捲毛貓
祖先：非純種短毛貓	起源時間：1950 年

乳白色貓

第一隻柯尼斯捲毛貓是1950年出生於英國康沃爾郡某個農場的一隻紅白色小雄貓，其被毛呈波紋形，鬍鬚也是捲曲的。獸醫建議貓的主人用這隻雄貓和牠的母親交配，結果又繁育出幾隻捲毛小貓，於是一項試驗性育種計劃便開始了。該品種於1967年首次被公認可參加貓展。

⇨ 主要特徵：身體修長健壯，耳朵比較大，耳根寬，末端為圓形。鬍鬚和眉毛捲曲。

⇨ 飼養提示：這種貓使用爪子就像是人使用手一樣靈活，牠們可以拿起小物品，有些還會轉動門把手來開門。主人可在幼貓時期適當教導。

⇨ 附註：被毛粗雜、不捲曲，尾巴扭曲的被視為劣品。

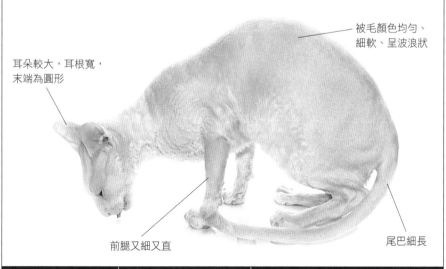

被毛顏色均勻、細軟、呈波浪狀

耳朵較大，耳根寬，末端為圓形

前腿又細又直

尾巴細長

長毛異種：無	壽命：13 ～ 18 歲	個性：頑皮、機靈、喜歡社交

原產國：英國　　　　　品種：柯尼斯捲毛貓
祖先：非純種短毛貓　　起源時間：1950 年

白色貓

　　白色貓是單色柯尼斯捲毛貓中比較常
見的顏色品種，也是比較受歡迎的顏色品種。
➪ 主要特徵：身體細長健壯，肌肉發達；耳
朵特別大，耳根寬，末端為圓形；眼睛大，為
橢圓形，眼角稍吊；四肢細長且直；尾巴細長，
密蓋着一層捲毛。
➪ 飼養提示：牠們的被毛較短，緊貼於身體，在嚴寒
的天氣或潮濕的環境中會感到不適，主人要注意為愛
貓準備好溫暖的窩。
➪ 附註：身體比較健康，母貓都很溫順。

幼貓

頭頂較平

尾長且細

耳朵大，耳根寬

被毛很短，呈波浪狀

杏仁形大眼

身體細長健壯、
肌肉發達

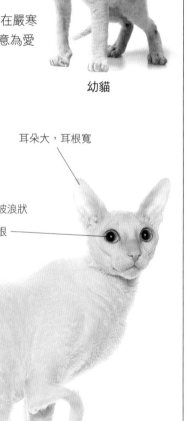

| 長毛異種：無 | 壽命：13 ～ 18 歲 | 個性：頑皮、機靈、喜歡社交 |

原產國：英國　　　　品種：柯尼斯捲毛貓
祖先：非純種短毛貓　起源時間：1950 年

淺藍色白色貓

　　大概是被毛比較短的緣故，柯尼斯捲毛貓喜歡熱並會盡
量靠近熱源，即使是夏天炎熱的日子裏，牠們也喜歡曬太陽。
⇨ 主要特徵：身上灰藍色的被毛深度較淺，一般在臉上會有
同色斑塊，很少貓的斑紋圖案是對稱的，這被視為非常難得
的貓。
⇨ 飼養提示：用麥麩為愛貓洗澡有助於去除牠們身上的多
餘油脂。
⇨ 附註：柯尼斯捲毛貓有時會因被毛油脂分泌過旺而患
脂溢性公貓尾，這主要出現在未閹割的公貓身上。

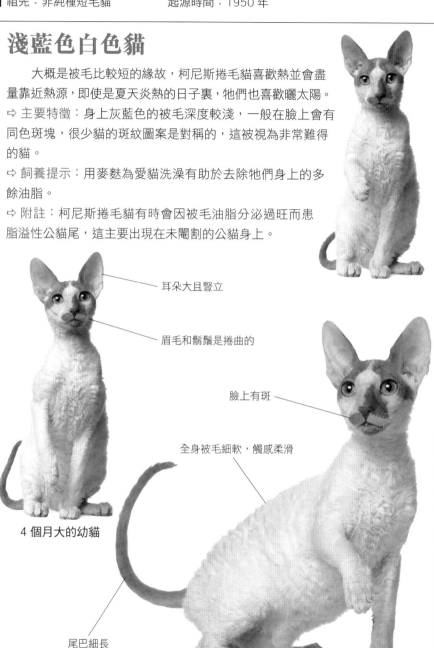

耳朵大且豎立

眉毛和鬍鬚是捲曲的

臉上有斑

全身被毛細軟，觸感柔滑

4 個月大的幼貓

尾巴細長

長毛異種：無	壽命：13 ～ 18 歲	個性：頑皮、機靈、喜歡社交

淡紫色白色貓

　　性格活潑、頑皮，和其他貓種不同，牠們即使成年了也不會喪失對遊戲的興趣，仍會像幼貓一樣樂於玩耍。

⇨ 主要特徵：被毛由淡紫色和白色兩種顏色組成，兩種色塊輪廓清晰，界線分明。淡紫色是指帶有粉紅色的淺灰色。

⇨ 飼養提示：柯尼斯捲毛貓食慾旺盛並且喜歡任何貓食，這會造成牠們體重控制上的麻煩，主人要對牠們的飲食加以控制。

⇨ 附註：有些幼貓出生 1 周後，身上捲曲的被毛會變直甚至脫落，要到 2～5 個月後才會重新捲曲且終生不變。在此之前，區分一隻柯尼斯捲毛貓最好的方法就是看牠們的鬍鬚，因為牠們的鬍鬚一直都是捲曲的。

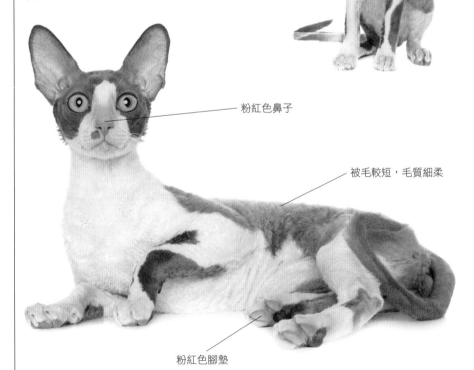

粉紅色鼻子

被毛較短，毛質細柔

粉紅色腳墊

| 長毛異種：無 | 壽命：13～18 歲 | 個性：頑皮、機靈、喜歡社交 |

金黃色橢圓形大眼睛

被毛呈波浪或漣漪狀

鼻樑高且直

四肢修長

耳朵碩大，耳根寬，
並逐漸變細，末端為
橢圓形

大腿肌肉發達

尾巴細且長

原產國：英國	品種：柯尼斯捲毛貓
祖先：非純種短毛貓	起源時間：1950 年

黑色貓

　　在貓展中還能非常興奮的貓很少，柯尼斯捲毛貓是這少數中的一員，牠們非常喜歡人類，同時也喜歡參加社會活動。黑色貓憑藉牠們獨特、顯眼的被毛顏色，受人們廣泛歡迎。

⇨ 主要特徵：漆黑的被毛襯托得眼睛更大更明亮，身上被毛顏色純正無雜毛。

⇨ 飼養提示：牠們喜歡與人為伴，愛撒嬌。如果主人將牠們關起來餵養，且不與牠們經常接觸，牠們將失去生活的樂趣，毛色就會變得暗淡起來。

⇨ 附註：被毛長短參差不齊，會被認定為一種嚴重的缺陷。

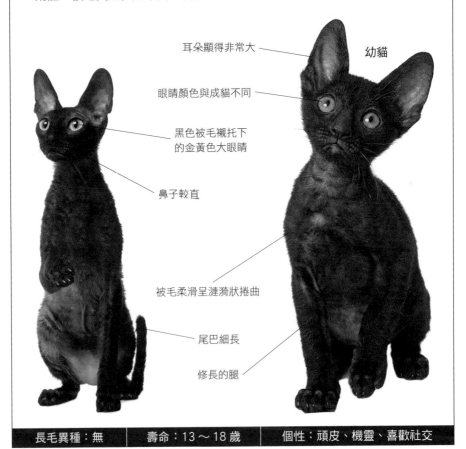

幼貓

耳朵顯得非常大

眼睛顏色與成貓不同

黑色被毛襯托下的金黃色大眼睛

鼻子較直

被毛柔滑呈漣漪狀捲曲

尾巴細長

修長的腿

長毛異種：無	壽命：13～18 歲	個性：頑皮、機靈、喜歡社交

德文捲毛貓

　　該品種貓於1967年得到公認並參加貓展，是繼柯尼斯捲毛貓後被發現的又一種捲毛貓。1960年，在英國德文郡發現了一隻捲毛貓，起初人們以為這種貓和柯尼斯捲毛貓有血緣關係，但是用牠們交配生下的卻都是直毛貓，這就證明牠們是兩種不同的基因，二者沒有血緣關係。從表徵上來看，德文捲毛貓的被毛更捲曲，但觸感上要粗糙一些。

原產國：英國　　　　　品種：德文捲毛貓
祖先：非純種短毛貓　　起源時間：1960年

白色貓

　　無論是外形還是性格，德文捲毛貓都給人一種小妖精般的感覺，所以也被人們稱為「小精靈貓」。

⇨ 主要特徵：被毛為純白色。耳朵較大，眼睛為大大的橢圓形，瞳仁顏色不一，吻部短小，顴骨和貓鬚墊凸出，背部和尾部的被毛捲曲最明顯。

⇨ 飼養提示：德文捲毛貓非常好打理，洗過澡後不需要用風筒吹乾，只需要用毛巾擦乾或曬曬太陽就可以了。

⇨ 附註：德文捲毛貓高興時會像狗一樣搖尾巴，再加上牠的被毛彎曲，所以戲稱牠為「捲毛狗貓」。

幼貓

身體線條優美

被毛捲曲

耳朵大且尖

頭部呈楔形

臉較短

顴骨和貓鬚墊凸出

腳爪小，呈橢圓形

長毛異種：無	壽命：13～18歲	個性：活潑、頑皮

原產國：英國　　　　品種：德文捲毛貓
祖先：非純種短毛貓　起源時間：1960 年

乳黃色虎斑重點色貓

　　培育者用德文捲毛貓與緬甸貓、孟買貓、暹羅貓等品種進行雜交，培育出各種顏色的貓，乳黃色虎斑重點色貓有暹羅貓典型的重點色特徵。

⇨ 主要特徵：被毛濃密捲曲，頭部、四肢和尾巴上的虎斑斑紋清晰可見。

⇨ 飼養提示：德文捲毛貓活潑、頑皮，性喜自由，主人不要長期把貓關在籠中或狹小的空間裏餵養。

⇨ 附註：不提倡用德文捲毛貓和柯尼斯捲毛貓雜交。

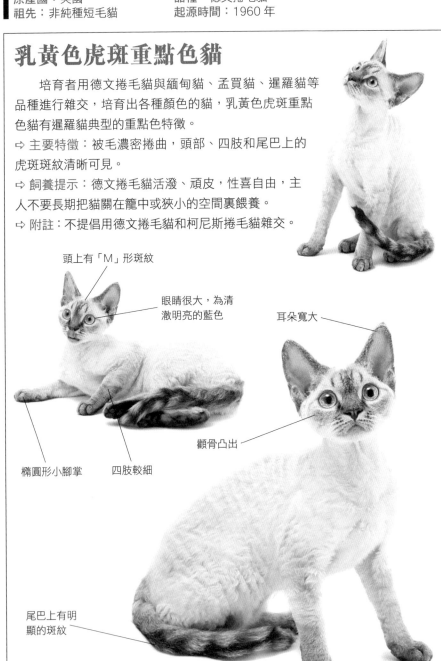

頭上有「M」形斑紋

眼睛很大，為清澈明亮的藍色

耳朵寬大

顴骨凸出

橢圓形小腳掌

四肢較細

尾巴上有明顯的斑紋

長毛異種：無	壽命：13～18 歲	個性：活潑、頑皮

原產國：英國　　　　品種：德文捲毛貓
祖先：非純種短毛貓　　起源時間：1960 年

啡色虎斑貓

　　德文捲毛貓非常喜歡與人類接觸、交朋友，和主人膩在一起，主人的胸口、頸和肩膀都是牠們喜歡停留的地方。

⇨ 主要特徵：體毛較短且捲曲，身上虎斑斑紋清晰。幼貓的被毛不如成貓濃密。

⇨ 飼養提示：貓的食具要及時清理，最好能進行消毒處理，以保證貓的飲食健康與安全。

⇨ 附註：德文捲毛貓不適合長期待在戶外或寒冷、潮濕的環境。

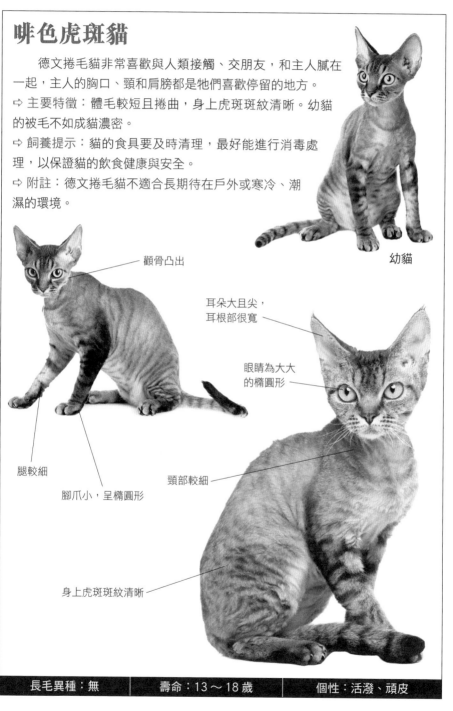

幼貓

顴骨凸出

耳朵大且尖，耳根部很寬

眼睛為大大的橢圓形

腿較細

腳爪小，呈橢圓形

頸部較細

身上虎斑斑紋清晰

長毛異種：無	壽命：13～18 歲	個性：活潑、頑皮

原產國：英國	品種：德文捲毛貓
祖先：非純種短毛貓	起源時間：1960 年

海豹色重點色貓

　　德文捲毛貓的被毛品質非常重要，不過一般幼貓要到18個月大的時候才能長好被毛。

⇨ 主要特徵：身體底色為暖色調的黃褐色，重點色為較深的海豹褐色，二者對比鮮明。眼睛為明亮的藍色。

⇨ 飼養提示：德文捲毛貓不需要主人頻繁地為牠洗澡，因為貓體表會分泌出一種保護皮膚層的油脂，過於頻繁的洗澡容易破壞這層保護屏障，使貓的皮膚更易受到外界細菌的侵害。

⇨ 附註：除了被毛的品質之外，碩大的耳朵也是牠們的標誌性特徵。

頭大且圓

被毛厚密、捲曲，呈波浪狀

骨架重、肌肉發達，身體顯得有些胖

長毛異種：無	壽命：13～18 歲	個性：活潑、頑皮

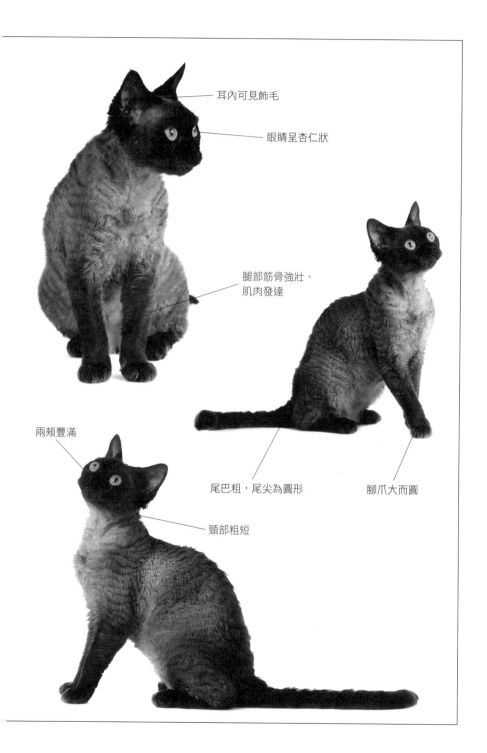

耳內可見飾毛

眼睛呈杏仁狀

腿部筋骨強壯、
肌肉發達

兩頰豐滿

尾巴粗，尾尖為圓形

腳爪大而圓

頸部粗短

| 原產國：英國 | 品種：德文捲毛貓 |
| 祖先：非純種短毛貓 | 起源時間：1960 年 |

黑白貓

在貓展上，德文捲毛貓面對外界的嘈雜，並不感到害怕，而是興奮地向外觀察。

⇨ 主要特徵：黑色毛區和白色毛區輪廓清晰，界限明顯。如圖，幼貓的耳朵顯得非常大。

⇨ 飼養提示：經常為貓梳理毛髮，可以減少污垢的堆積，也可以減少毛髮結球後再梳理的麻煩。

⇨ 附註：牠們感情非常豐富，樣子淘氣活潑，是很好的寵物和夥伴。

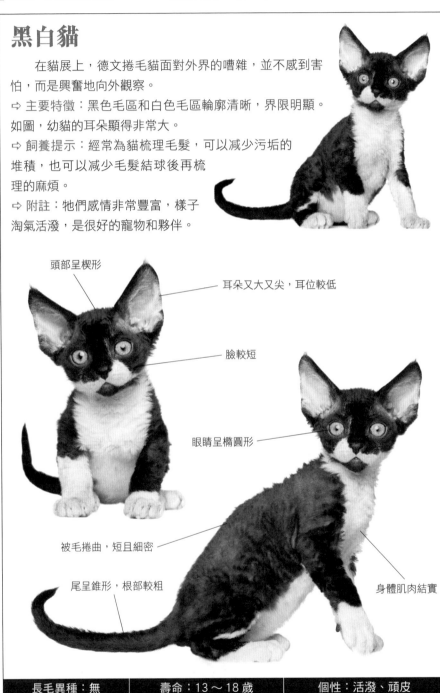

頭部呈楔形

耳朵又大又尖，耳位較低

臉較短

眼睛呈橢圓形

被毛捲曲，短且細密

尾呈錐形，根部較粗

身體肌肉結實

| 長毛異種：無 | 壽命：13～18 歲 | 個性：活潑、頑皮 |

彼得禿貓

彼得禿貓最初被叫作無毛斯芬克斯貓，之後，人們發現這種貓是完全與斯芬克斯貓不同的，於是就為牠取名為彼得禿貓。1998年，彼得禿貓第一次從俄羅斯來到美國。彼得禿貓是無毛的東方品種貓，不過牠們並不是真正無毛，牠們的毛很幼細而且緊貼皮膚。通常牠們的皮膚帶有皺紋，特別是頭部。

原產國：俄羅斯　　　　品種：彼得禿貓
祖先：非純種短毛貓　　起源時間：1993 年

白色貓

彼得禿貓是 2005 年被新認定的稀有貓種，牠們脾氣很好，在某些方面很像狗，比如對待主人忠誠，容易與人親近。
⇨ 主要特徵：東方型體形，線條優美。被毛稀疏幼細，緊貼皮膚。皮膚帶有皺紋。
⇨ 飼養提示：彼得禿貓被毛稀疏幼細，所以牠們對溫度的變化很敏感，牠們既怕冷，也怕熱，還特別怕曬。
⇨ 附註：牠們的皮膚容易曬黑，不可以讓貓長時間在陽光下曝曬。

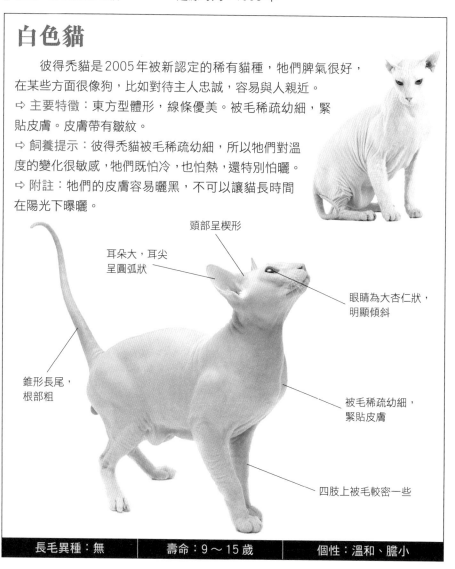

頭部呈楔形

耳朵大，耳尖
呈圓弧狀

眼睛為大杏仁狀，
明顯傾斜

錐形長尾，
根部粗

被毛稀疏幼細，
緊貼皮膚

四肢上被毛較密一些

長毛異種：無	壽命：9～15歲	個性：溫和、膽小

原產國：俄羅斯　　　　品種：彼得禿貓
祖先：非純種短毛貓　　起源時間：1993 年

藍白貓

　　彼得禿貓的皮膚溫暖而柔軟，牠們的體溫比其他
品種的貓稍高一些。

⇨ 主要特徵：皮膚有皺紋，被毛為稀疏幼
細的絨毛，長度只有 1～5 毫米。

⇨ 飼養提示：如果沒有給貓配餐的經驗，
最好使用由寵物護理專家專門研製的貓
糧，這樣可以為貓提供均衡的營養。

⇨ 附註：彼得禿貓的幼貓身上皺紋更多，
更明顯。

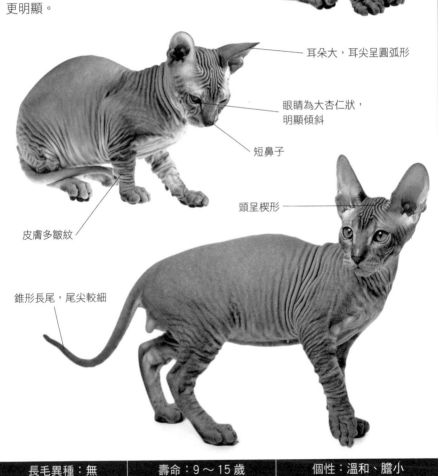

耳朵大，耳尖呈圓弧形

眼睛為大杏仁狀，
明顯傾斜

短鼻子

頭呈楔形

皮膚多皺紋

錐形長尾，尾尖較細

長毛異種：無	壽命：9～15 歲	個性：溫和、膽小

原產國：俄羅斯　　　品種：彼得禿貓
祖先：非純種短毛貓　起源時間：1993 年

乳黃色白色貓

彼得禿貓是一種長相奇特的貓，牠的奇特不僅在於看起來幾乎沒有毛，皮膚帶有皺紋，還在於獨特的蹼足。

⇨ 主要特徵：耳朵很大，耳根部寬，頭部皺紋最明顯，身體細長。

⇨ 飼養提示：彼得禿貓耳朵很大，非常容易堆積髒東西，需要主人定期為愛貓做好清潔工作。

⇨ 附註：除了摺耳貓以外，多數貓的耳朵是向上直立的。當貓憤怒或受到驚嚇時，耳朵會貼向後方。

眼睛為杏仁形

吻部突出

耳朵很大，耳根部寬

身上有幼細的絨毛

幼貓

皮膚多皺紋

錐形長尾

四肢長度適中

腳爪大

長毛異種：無	壽命：9～15 歲	個性：溫和、膽小

原產國：俄羅斯　　　品種：彼得禿貓
祖先：非純種短毛貓　　起源時間：1993 年

乳黃色斑點貓

　　這種顏色的彼得禿貓頗受人們喜愛，是彼得禿貓中較為常見的一種。

⇨ 主要特徵：前額有斑紋，身體上斑點界限分明，沒有相互摻雜。

⇨ 飼養提示：貓是夜間活動的動物，為了補充精力，牠們的睡眠時間比其他動物要長。貓睡覺的時候不要強迫牠活動。

⇨ 附註：貓每天的睡眠時間在 12 個小時以上，部分貓的睡眠時間甚至可以達到 20 個小時。

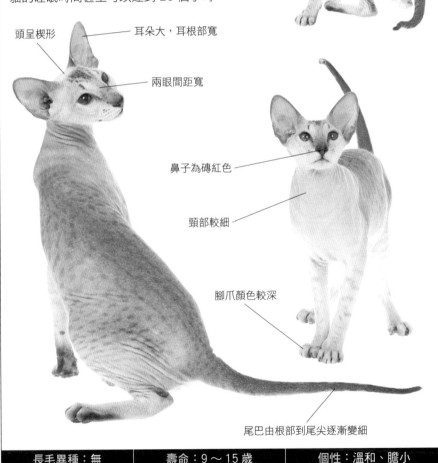

頭呈楔形

耳朵大，耳根部寬

兩眼間距寬

鼻子為磚紅色

頸部較細

腳爪顏色較深

尾巴由根部到尾尖逐漸變細

| 長毛異種：無 | 壽命：9～15 歲 | 個性：溫和、膽小 |

蘇格蘭摺耳貓

　　蘇格蘭摺耳貓是一種耳朵有基因突變的貓種。這種貓在耳朵的軟骨部分有一個折，使耳朵向前屈折，並指向頭的前方。這種貓最初在蘇格蘭被發現，以牠的發現地和身體特徵而命名。蘇格蘭摺耳貓有長毛和短毛兩種，首先獲得承認的是短毛摺耳貓，現在這些貓在展示界很有影響力。

原產國：英國　　　　　**品種**：蘇格蘭摺耳貓
祖先：非純種短毛貓　　　**起源時間**：1951 年

朱古力色貓

　　對於蘇格蘭摺耳貓，現在的評定標準中明確指出：尾巴不能又短又無彈性，四肢不能過粗。

⇨ **主要特徵**：體形矮胖，被毛短而有光澤，顏色為深朱古力色，身上沒有斑紋。

⇨ **飼養提示**：為了防止耳骨變形，不允許摺耳貓進行同種交配繁殖，可以和立耳的英國短毛貓或美國短毛貓交配繁殖。

⇨ **附註**：幼貓剛出生時耳朵並不是折着的，3 ～ 4 周大時耳朵才開始下折，也有一部分一直都不會下折，直到小貓 11 ～ 12 周大的時候，繁育者才能大致判斷出牠們的品相。

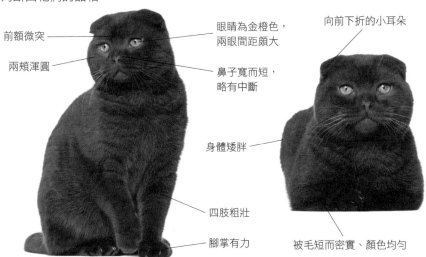

前額微突
兩頰渾圓
眼睛為金橙色，兩眼間距頗大
鼻子寬而短，略有中斷
向前下折的小耳朵
身體矮胖
四肢粗壯
腳掌有力
被毛短而密實、顏色均勻

長毛異種：朱古力色長毛蘇格蘭摺耳貓	壽命：13 ～ 15 歲	個性：安靜

原產國：英國　　　　　　　品種：蘇格蘭摺耳貓
祖先：非純種短毛貓　　　　起源時間：1951 年

藍色貓

　　蘇格蘭摺耳貓是優秀的獵手。牠們雖然比較貪玩，但個性溫和，是很好的夥伴。

⇨ 主要特徵：體形矮胖，毛色均勻，被毛濃密厚實，富有彈性。

⇨ 飼養提示：摺耳貓日常用的貓窩和貓砂盆需要經常放在太陽下曬曬，這樣可以殺菌。

⇨ 附註：摺耳貓下折的耳朵是少有的基因突變。因為過去有生出畸形貓的事情發生，所以有一段時期在英國被禁止繁殖。

4 個月大的幼貓

耳朵向前翻折

鼻子寬短，微有鼻中斷

下顎結實有力

頸短且有肌肉感

橙色眼睛大而圓，稍微傾斜向耳朵

雙頰豐滿

尾尖圓形

四肢粗壯

| 長毛異種：藍色長毛蘇格蘭摺耳貓 | 壽命：13 ～ 15 歲 | 個性：安靜 |

原產國：英國　　　　　品種：蘇格蘭摺耳貓
祖先：非純種短毛貓　　起源時間：1951年

淡紫色貓

　　蘇格蘭摺耳貓於1973年在美國被接納註冊，1984年才被英國貓協會承認。

⇨ 主要特徵：被毛為帶粉紅色的紫灰色，顏色深度均勻。折下的耳朵指向前方，或者向下折，耳尖指向鼻子。

⇨ 飼養提示：蘇格蘭摺耳貓喜歡親近主人，所以不要讓牠長時間單獨留在家中。

⇨ 附註：有人擔心這種耳形會使貓的耳朵發炎，其實這種說法是毫無根據的。

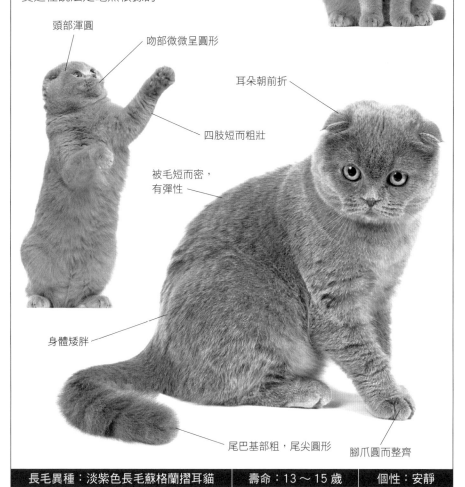

頭部渾圓

吻部微微呈圓形

耳朵朝前折

四肢短而粗壯

被毛短而密，有彈性

身體矮胖

尾巴基部粗，尾尖圓形

腳爪圓而整齊

長毛異種：淡紫色長毛蘇格蘭摺耳貓	壽命：13～15歲	個性：安靜

原產國：英國	品種：蘇格蘭摺耳貓
祖先：非純種短毛貓	起源時間：1951 年

黑白貓

蘇格蘭摺耳貓非常能吃苦耐勞，牠們樂意與人為伴，不過牠們一般會用特有的安靜方式來表達。

⇨ 主要特徵：四肢短而粗壯，身體肥胖、渾圓，耳朵向前屈折。或者耳朵向下折，耳尖指向鼻子。

⇨ 飼養提示：摺耳貓耳朵分泌物較多，每周 2 次用滴耳油清潔，使耳道內保持乾爽，可以避免細菌和寄生蟲的滋生。

⇨ 附註：蘇格蘭摺耳貓性格特別平和，對其他的貓和狗都很友好。牠們溫柔、有愛心，感情豐富，非常珍惜家庭生活。

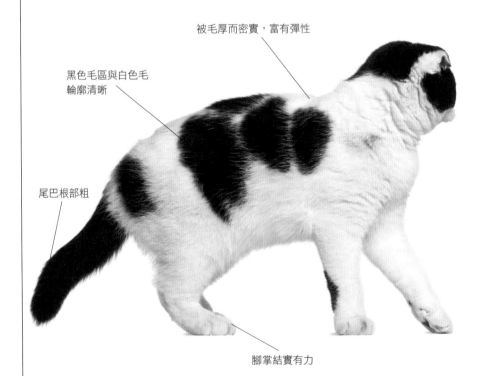

被毛厚而密實，富有彈性

黑色毛區與白色毛輪廓清晰

尾巴根部粗

腳掌結實有力

長毛異種：黑白長毛蘇格蘭摺耳貓	壽命：13～15 歲	個性：安靜

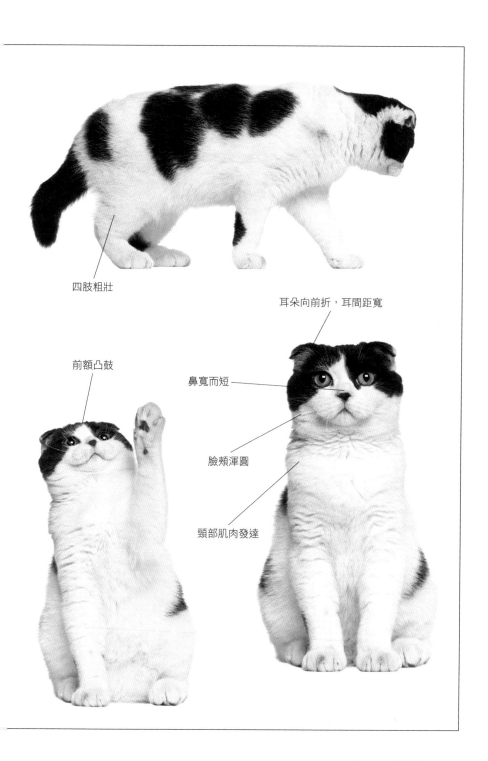

四肢粗壯

耳朵向前折，耳間距寬

前額凸鼓

鼻寬而短

臉頰渾圓

頸部肌肉發達

原產國：英國　　　　　品種：蘇格蘭摺耳貓
祖先：非純種短毛貓　　起源時間：1951 年

黑色貓

　　同英國短毛貓配種所得的蘇格蘭摺耳貓，和與美國短毛貓配種所得的蘇格蘭摺耳貓相比，黑色貓眼睛更圓，被毛也更濃密。

⇨ 主要特徵：黑色深且富有光澤，身上沒有斑紋和白色雜毛。

⇨ 飼養提示：2～7 周是貓的社交敏感時期。主人要讓小貓及早學習，這樣能培養牠們的良好生活和行為習慣。

⇨ 附註：蘇格拉摺耳貓外觀迷人，目前很受人們追捧，不過牠們在國外比在家鄉蘇格蘭常見。

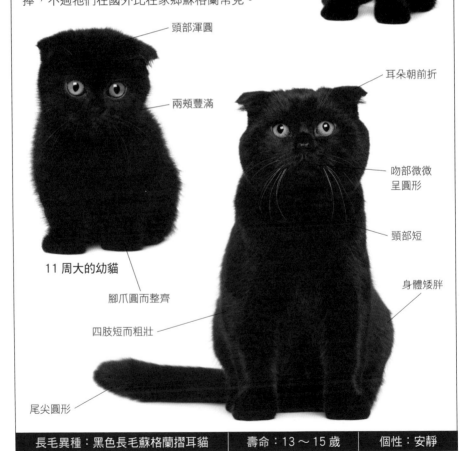

頭部渾圓

兩頰豐滿

耳朵朝前折

吻部微微呈圓形

頸部短

身體矮胖

11 周大的幼貓

腳爪圓而整齊

四肢短而粗壯

尾尖圓形

長毛異種：黑色長毛蘇格蘭摺耳貓	壽命：13～15 歲	個性：安靜

沙特爾貓

　　沙特爾貓歷史很悠久，在1558年的史料上已有所記載。據記載這個古老的法國品種是格勒諾布爾附近的大沙特勒斯修道院的卡修西安修士培育出來的。歷史上有一段時間，牠們因為被毛格外美麗而被飼養來剝皮用，經歷過一段瀕臨絕種的悲慘歷史。直到1970年左右，牠們才傳到美國。

原產國：法國　　　　　　品種：沙特爾貓
祖先：非純種短毛貓　　　起源時間：14 世紀

藍灰貓

　　沙特爾貓是法國傳統品種，與俄羅斯藍貓、英國藍貓合稱「世界三大藍貓」。

⇨ 主要特徵：被毛為純藍灰色，沒有雜毛，銀色毛尖使被毛富有光澤。體形較粗大，長得很結實、稍胖，成年貓的體重可達 7 千克。

⇨ 飼養提示：這種貓生命力很強，在寒冷地區和室外環境飼養有利於保持牠們羊毛般質感的被毛，但太多的陽光照射會導致啡色重點色的出現。

⇨ 附註：幼貓出生時眼睛為藍色，慢慢成長後變成啡色，最後變為金黃色或橙黃色。牠們成熟較晚，2～3 歲時才發情。

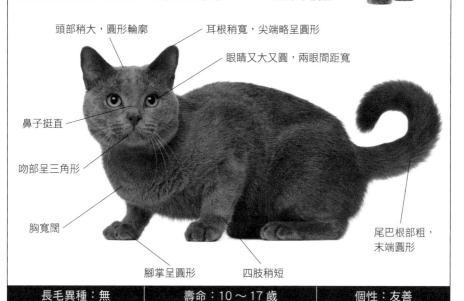

頭部稍大，圓形輪廓
耳根稍寬，尖端略呈圓形
眼睛又大又圓，兩眼間距寬
鼻子挺直
吻部呈三角形
胸寬闊
腳掌呈圓形
四肢稍短
尾巴根部粗，末端圓形

長毛異種：無	壽命：10～17 歲	個性：友善

第二章

亞洲貓

亞洲貓是指原產國位於亞洲的貓。

本章所選貓的品種有

土耳其梵貓,如乳黃色貓;

土耳其安哥拉貓,白色貓;

暹羅貓,如藍色重點色貓;

伯曼貓,如海豹玳瑁色重點色貓;

新加坡貓,如黑褐色貓;

緬甸貓,如褐玳瑁色貓、朱古力色貓等。

伯曼貓

伯曼貓傳説最早是由古代緬甸寺廟裏的僧侶所飼養，被視為護殿神貓。事實上，伯曼貓於18世紀傳入歐洲，最早在法國被確定為固定品種，緊接着在英國也註冊了。伯曼貓屬中大型貓，體形較長，肌肉結實，四肢中等長度，腳爪大而圓，被毛長而幼細。牠們個性溫和，非常友善，叫聲悦耳，喜歡與人為伴，對其他貓也十分友好。

| 原產國：緬甸 | 品種：伯曼貓 |
| 祖先：非純種貓 | 起源時間：不詳 |

乳黃重點色貓

近期培育出來的較新品種，整體顏色較淺，顏色對比不如重點色較深的那些品種清楚，但腳掌上的白色毛區依然很明顯。

⇨ 主要特徵：身體非純白色，而是略帶點金色，重點色塊的顏色為乳黃色。成年貓整個臉部都有該顏色。

⇨ 飼養提示：不要給貓吃太多動物肝臟，以免維他命 A 攝入過多而引起肌肉僵硬、骨骼和關節病變以及肝臟腫大等疾病。

⇨ 附註：伯曼貓和短毛緬甸貓之間沒有關聯。

耳尖呈圓弧形

臉頰豐滿

眼睛又圓又大，眼角稍往上吊

白色「手套」

尾巴長度中等，尾毛濃密

| 短毛異種：無 | 壽命：10～15歲 | 個性：溫柔、友善、聰明 |

原產國：緬甸　　　　品種：伯曼貓
祖先：非純種貓　　　起源時間：不詳

淡紫重點色貓

重點色伯曼貓的臉、耳、腿和尾等部位
重點色塊部分毛色較深，軀幹毛色較淺。
四爪為白色，被稱為「四腳踏雪」。被毛長
而細，且不易黏連。

⇨ 主要特徵：體色並不是
純白色，重點色是柔和的帶
粉紅的淺灰色。眼睛大而圓，為海藍色，眼神清澈。

⇨ 飼養提示：生性非常愛乾淨，需要主人注意幫助愛貓做好清潔和護理工作。

⇨ 附註：生性活潑、非常頑皮。

清澈的海藍色眼睛

耳朵間距寬

華麗的毛領圈

3 個月大的幼貓

白色「手套」

蓬鬆的尾毛

短毛異種：無	壽命：10 ～ 15 歲	個性：溫柔、友善、聰明

原產國：緬甸　　　　品種：伯曼貓
祖先：非純種貓　　　起源時間：不詳

藍色重點色貓

　　藍色指的是較接近灰色的灰藍色，而不是純藍色，
這種顏色其實是黑色的淡化色。

⇨ 主要特徵：體色不是純白色，而是略帶藍色。成貓
的重點色塊顏色較深。

⇨ 飼養提示：如果給貓洗澡時用的沐浴用品不當，會引起
皮膚病和產生脫毛現象，後果甚至比自然脫落更嚴重。
因此，最好使用專門的寵物浴液來給牠們洗澡。

⇨ 附註：伯曼貓喜歡玩耍，但喜歡在地上活動，
並不熱衷於跳躍及攀爬。

被毛順滑

清澈的藍色眼睛
又大又圓

白色「手套」

臉頰豐滿

幼貓

短毛異種：無	壽命：10～15歲	個性：溫柔、友善、聰明

原產國：緬甸　　　品種：伯曼貓
祖先：非純種貓　　　起源時間：不詳

海豹色重點色貓

　　和海豹重點色布偶貓長得比較像，但是掌握牠們各自的特點，從體形大小、性格特徵、身體部位和毛髮顏色等方面進行區分對比即可辨別。

⇨ 主要特徵：身體的底色是灰褐色，重點色是深海豹褐色，鼻子也是深海豹褐色。背部的被毛有亮閃閃的金光，公貓更為明顯。

⇨ 飼養提示：貓的飲食以肉類為主，但如果只給貓餵肉類食品，會導致牠們礦物質和維他命攝入不均，引致代謝紊亂。

⇨ 附註：第二次世界大戰期間，伯曼貓在歐洲差點絕種。

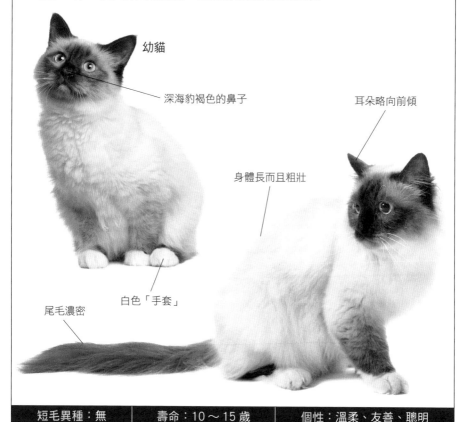

幼貓

深海豹褐色的鼻子

耳朵略向前傾

身體長而且粗壯

白色「手套」

尾毛濃密

短毛異種：無	壽命：10～15歲	個性：溫柔、友善、聰明

原產國：緬甸　　　品種：伯曼貓
祖先：非純種貓　　起源時間：不詳

朱古力色重點色貓

是伯曼貓中顏色較深的一種，身體上可能有些漸層色，尤其是成年貓，但這種漸層色應與重點色顏色協調，身體顏色要和重點色顏色形成十分明顯的對比。

⇨ 主要特徵：重點色是奶油朱古力色，鼻子也是朱古力色，前額較扁，外形和其他伯曼貓沒有區別。

⇨ 飼養提示：伯曼貓溫文爾雅，非常友善，喜歡與主人玩耍，牠們一旦在新環境中獲得了安全感，便會流露出其善良的本性。

⇨ 附註：被毛很細長，但不易纏結，比較容易梳理。

11 個月大的幼貓

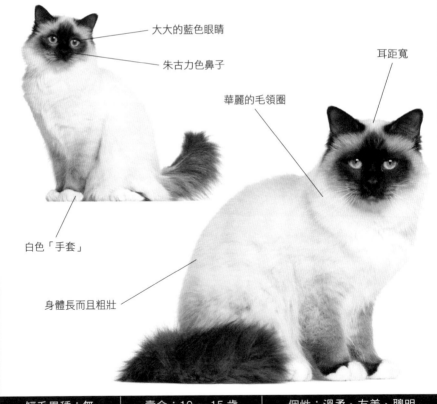

大大的藍色眼睛

朱古力色鼻子

耳距寬

華麗的毛領圈

白色「手套」

身體長而且粗壯

短毛異種：無	壽命：10～15歲	個性：溫柔、友善、聰明

原產國：緬甸　　　　品種：伯曼貓
祖先：非純種貓　　　起源時間：不詳

海豹玳瑁色重點色貓

　　要培育出有玳瑁圖案的伯曼貓非常困難。

⇨ 主要特徵：身體是淡黃褐色，而在背部或
體側逐漸變成暖色調的啡色或紅色，臉上有
斑紋，重點色是幾種顏色交織而成的。

⇨ 飼養提示：伯曼貓非常愛乾淨，所以要為
牠準備一個通風舒適的貓窩，並定期打掃衛生，
以保證環境的清潔。

⇨ 附註：這個顏色的品種培育出來的只有母貓。

11 個月大的幼貓

頭部寬圓適中

清澈的藍眼睛

臉頰豐滿

面部有斑紋

被毛細長豐滿

| 短毛異種：無 | 壽命：10 ～ 15 歲 | 個性：溫柔、友善、聰明 |

原產國：緬甸　　　　品種：伯曼貓
祖先：非純種貓　　　起源時間：不詳

紅色重點色貓

　　屬伯曼貓族群中的新成員，毛色非常漂亮。

⇨ 主要特徵：身體為乳黃色，略帶金色，重
點色塊的顏色為偏金色調的橙紅色，鼻子為粉
紅色。

⇨ 飼養提示：這類貓的毛長而多，牠們自己的清
理能力有限，需要主人幫牠清洗，但洗澡的次數也
不能太頻繁，夏季每月 2 次、冬季每月 1 次即可。

⇨ 附註：如果貓臉上稍有些雀斑，比如在鼻
子或耳朵上等，其實並不是嚴重的缺陷。

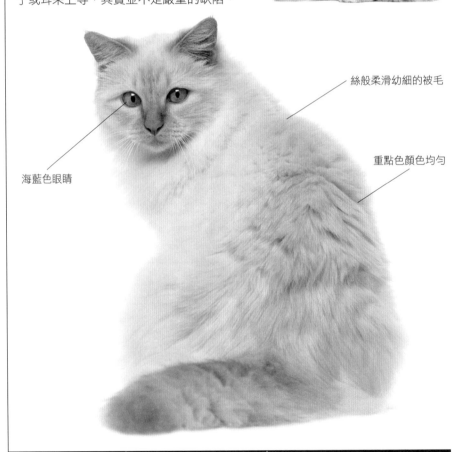

絲般柔滑幼細的被毛

重點色顏色均勻

海藍色眼睛

短毛異種：無	壽命：10 ～ 15 歲	個性：溫柔、友善、聰明

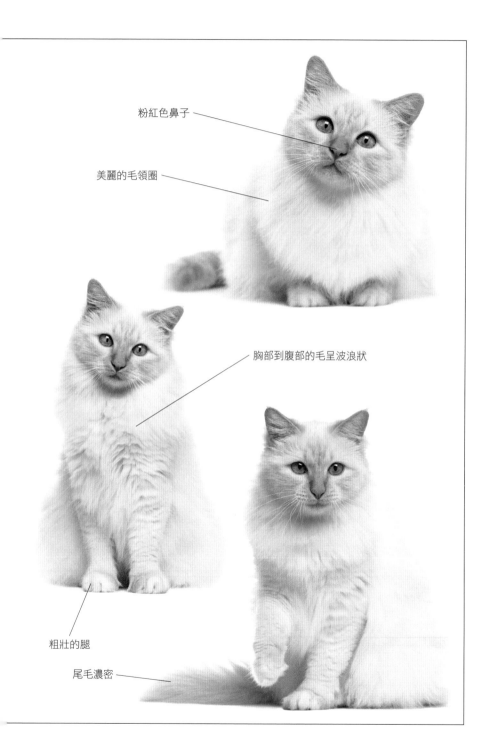

粉紅色鼻子

美麗的毛領圈

胸部到腹部的毛呈波浪狀

粗壯的腿

尾毛濃密

原產國：緬甸　　　　品種：伯曼貓
祖先：非純種貓　　　起源時間：不詳

海豹玳瑁色虎斑重點色貓

　　被毛上可以同時看見玳瑁圖案和典型的虎斑圖案，斑紋是如何分佈的並不重要。

⇨ 主要特徵：頭上有明顯的虎斑，身體是淡黃褐色，這種體色程度不等地在背部和側腹部交織成啡色或紅色。

⇨ 飼養提示：伯曼貓溫順友好，開朗活潑，渴求主人的寵愛，喜歡與主人玩耍，在天氣晴朗時可以帶牠到庭院或花園裏散步。

⇨ 附註：鼻子的顏色是斑駁的粉紅色和較深色斑紋的結合。

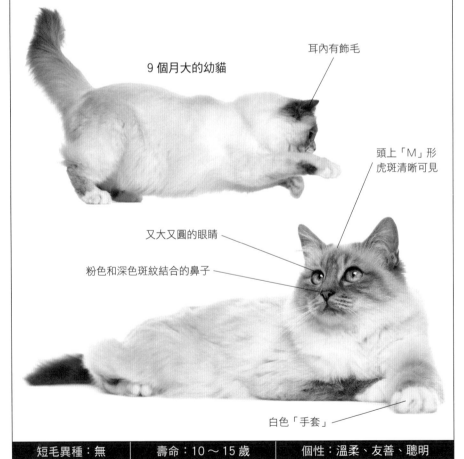

9 個月大的幼貓

耳內有飾毛

頭上「M」形
虎斑清晰可見

又大又圓的眼睛

粉色和深色斑紋結合的鼻子

白色「手套」

短毛異種：無	壽命：10～15 歲	個性：溫柔、友善、聰明

原產國：緬甸　　　　品種：伯曼貓
祖先：非純種貓　　　起源時間：不詳

海豹色虎斑重點色貓

　　顏色對比鮮明是伯曼貓的重要特徵，虎斑重點色貓
仍然保持這一特徵。

⇨ 主要特徵：虎斑非常明顯。淺米色的體毛帶有明顯的
金黃色，與重點色塊的海豹深褐色斑紋形成鮮明對比。

⇨ 飼養提示：注意貓的飲食，不要給牠們吃過鹹的
食物，鹽分過高是牠們掉毛的重要原因之一。

⇨ 附註：要培育出尾巴上斑紋良好的貓還很困難。

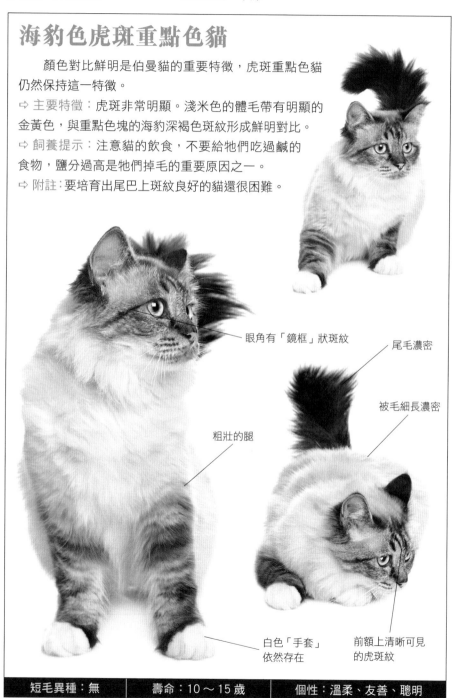

眼角有「鏡框」狀斑紋

尾毛濃密

被毛細長濃密

粗壯的腿

白色「手套」
依然存在

前額上清晰可見
的虎斑紋

短毛異種：無	壽命：10～15歲	個性：溫柔、友善、聰明

土耳其梵貓

　　源於土耳其的梵湖地區，由土耳其安哥拉貓基因突變而成。體形長而健壯，中長度長毛，全身除頭耳部和尾部有乳黃色或紅褐色斑紋外，其餘部分被毛白而發亮，沒有雜毛，有些貓局部會帶有「拇指痕」，多出現在背部。喜歡游泳，被毛沾濕後可以迅速風乾，主人為牠洗澡時，牠會表現出極大的興趣。生性活潑機敏，叫聲柔和。

原產國：土耳其　　　　品種：土耳其梵貓
祖先：非純種本地貓　　起源時間：17 世紀

乳黃色貓

　　雖然也是長毛貓，但是土耳其梵貓沒有厚厚的底層絨毛，所以很容易梳理。

⇨ 主要特徵：頭上有火焰紋，並且斑紋區僅局限於眼睛以上；清晰的垂直白色面斑把頭上斑紋區分成兩半；尾巴上可能有顏色較深的環紋，而幼貓尾巴上的環紋最清晰。

⇨ 飼養提示：2～7 周大時，是貓的社交敏感時期。讓小貓及早學習交際、適應環境，能預防牠們成年後的行為問題。

⇨ 附註：梵貓是跳躍高手，活潑好動，常會搶奪引起牠興趣的物件，牠們的性格和狗很相似，所以也被稱為「貓模樣的狗」。

頭上火焰紋

臉頰豐滿，
顴骨高

尾巴上隱約
可見的環紋

粉紅色鼻子

尾巴上的顏色可
向上延伸至背部

| 短毛異種：無 | 壽命：12～17 歲 | 個性：頑強、機敏、活潑 |

土耳其安哥拉貓

土耳其安哥拉貓是最古老的長毛貓品種之一，取名於土耳其首都安卡拉之舊稱安哥拉。土耳其安哥拉貓頭部稍圓，杏仁形眼，耳大直立，從耳朵長出的飾毛很具特色；背部起伏較大，四肢長而細，腳趾長滿飾毛；尾毛蓬鬆，有時尾巴一直能伸到頭後腦；優雅柔順的外表，散發着流暢的動感美，其動作相當敏捷，獨立性強，不喜歡被人捉抱。

原產國：土耳其	品種：土耳其安哥拉貓
祖先：非純種長毛貓	起源時間：15 世紀

白色貓

白色是土耳其安哥拉貓的傳統顏色。

⇨ 主要特徵：身材修長，四肢長而細，全身被毛為白色，沒有雜毛。臉為「V」形，耳朵末端尖，但底部稍寬。眼睛為漂亮的杏仁形，一般為藍色、金黃色或琥珀色。

⇨ 飼養提示：土耳其安哥拉貓有三層眼皮，如果牠們長時間地露出第三層眼皮，很可能是牠們的健康出現了問題，主人應及時把貓送去醫院接受診療。

⇨ 附註：土耳其的民間傳說中有這樣一種說法：土耳其國父凱末爾逝世後轉世為一隻聾耳的白色土耳其安哥拉貓。

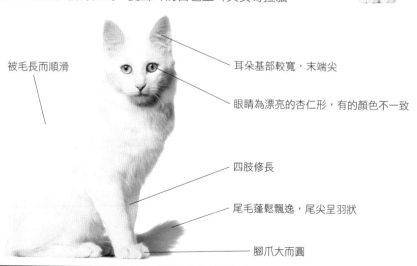

被毛長而順滑

耳朵基部較寬，末端尖

眼睛為漂亮的杏仁形，有的顏色不一致

四肢修長

尾毛蓬鬆飄逸，尾尖呈羽狀

腳爪大而圓

短毛異種：無	壽命：13～18 歲	個性：頑皮而友善

暹羅貓

又稱泰國貓，最早被飼養在泰國皇室和大寺院中，曾一度是鮮為人知的宮廷「秘寶」。牠們有着流線型的修長身材，四肢、軀幹、頸部和尾巴均細長且比例均衡。暹羅貓生性活潑好動，聰明伶俐，動作敏捷，氣質高雅，相貌不凡。19世紀末，牠們被作為外交禮物由泰國皇家國會送給英國和美國，引起公眾的興趣。

原產國：泰國　　　　　品種：暹羅貓
祖先：非純種短毛貓　　起源時間：14 世紀

朱古力色重點色貓

由早期的海豹色重點色暹羅貓發展而來，但在1950年才獲准參展。幼貓是純白的，在1歲左右才完全長出朱古力色的重點色，發育好的幼貓成年時重點色會較深。

⇨ 主要特徵：身體顏色為象牙白，重點色為滲着乳黃色的朱古力色。

⇨ 飼養提示：如果主要用罐裝食品餵貓，每周必須有1～2次用新鮮食品做貓食，這樣才有益於貓的健康。

⇨ 附註：這種暹羅貓比較少見，數量並不多。

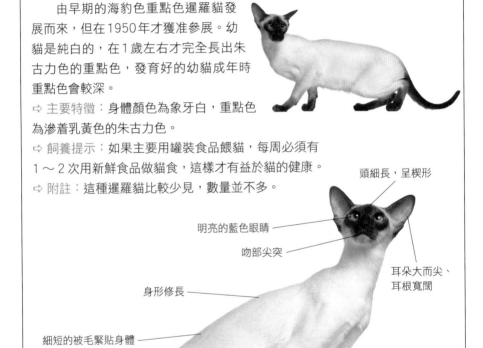

頭細長，呈楔形

明亮的藍色眼睛

吻部尖突

耳朵大而尖、耳根寬闊

身形修長

細短的被毛緊貼身體

尾巴長，尾端尖略捲曲

掌小，橢圓形

長毛異種：朱古力色重點色峇里貓	壽命：10～20 歲	個性：感情豐富

原產國：泰國　　　　品種：暹羅貓
祖先：非純種短毛貓　　起源時間：14世紀

藍色重點色貓

　　這個顏色品種是傳統暹羅貓之一，從20世紀30年代起至今，一直廣受人們的歡迎。

⇨ 主要特徵：重點色為淡藍色，背部的白色逐漸變成淡藍色。如果和其他顏色品種的暹羅貓交配，其身體顏色變深，而重點色會變為石板灰色。

⇨ 飼養提示：暹羅貓對寒冷很敏感，牠們喜歡舒適的室內生活。

⇨ 附註：據說藍色重點色貓是暹羅貓中最溫柔、感情最豐富的顏色品種。

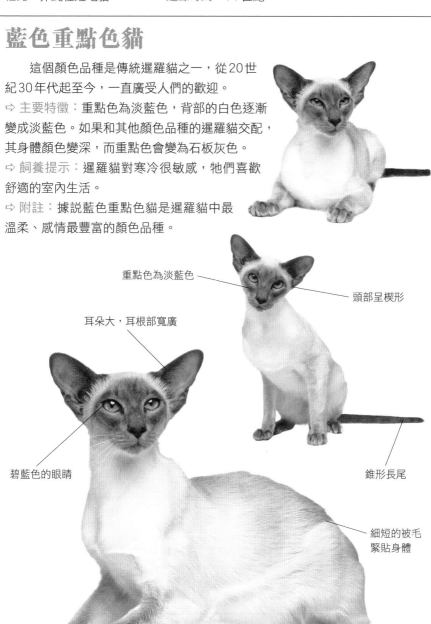

重點色為淡藍色

頭部呈楔形

耳朵大，耳根部寬廣

碧藍色的眼睛

錐形長尾

細短的被毛緊貼身體

長毛異種：藍色重點色峇里貓	壽命：10～20歲	個性：感情豐富

原產國：泰國　　　　品種：暹羅貓
祖先：非純種短毛貓　　起源時間：14世紀

淡紫色重點色貓

　　最早出現在1896年英國的一次貓展覽中，當時牠
們因為重點色「不夠藍」而被淘汰。牠們是四種典型
的暹羅貓之一，是藍色重點色的變種，1955年
才得到認可。

⇨ 主要特徵：重點色為帶粉紅色的灰色，身
體為奶白色，眼睛為藍色。

⇨ 飼養提示：黏人的暹羅貓出名妒忌心強，擁
有一副大嗓門的牠，發起脾氣時會非常吵鬧。

⇨ 附註：這個顏色品種的暹羅貓很受女孩子們的
喜愛。

耳朵大而尖、
耳根寬闊

頭部細長，呈楔形

眼睛為藍色

身體修長

骨骼纖細

幼貓

掌小，橢圓形

腿細長

長毛異種：淡紫色重點色峇里貓	壽命：10～20歲	個性：感情豐富

原產國：泰國
祖先：非純種短毛貓

品種：暹羅貓
起源時間：14世紀

海豹色重點色貓

　　這個顏色品種是傳統暹羅貓之一，20世紀30年代引入美國，而後傳佈世界各地，受到各國養貓愛好者的歡迎。

⇨ **主要特徵：**重點色為深褐色，腹部顏色較淺，背部和肋腹部顏色的深淺與年齡成正比。

⇨ **飼養提示：**高齡的寵物更喜歡安逸的生活，不應強迫牠們做不喜歡的事。

⇨ **附註：**此種暹羅貓是暹羅貓中最知名的一種，體態優雅，十分高貴。

被毛短而細膩、光亮

頭骨較平

鼻子長而直

頭部呈楔形

吻部細長

眼睛為碧藍色

錐形長尾

長毛異種：海豹重點色峇里貓	壽命：10～20歲	個性：感情豐富

原產國：泰國　　　　品種：暹羅貓
祖先：非純種短毛貓　　起源時間：14 世紀

海豹色虎斑重點色貓

從 20 世紀開始，暹羅貓已成為歐美地區最受歡迎的貓品種之一。這個顏色品種在北美地區多被稱為「山貓重點色暹羅貓」。

⇨ 主要特徵：頭部呈楔形，褐色虎斑清晰。額上和兩頰有深色斑紋。眼睛為明亮的碧藍色。

⇨ 飼養提示：如果貓老是叫，可能是因為饑渴，也可能是因為孤獨，主人應盡可能多抽時間陪伴牠。如果貓的耳垢太多，牠會不停地搖頭搔耳，主人應及時請獸醫診治。

⇨ 附註：在泰國，人們公認暹羅貓是擁有最高貴靈魂的生靈。所以在泰國，牠們常被當作神殿的守護之神。

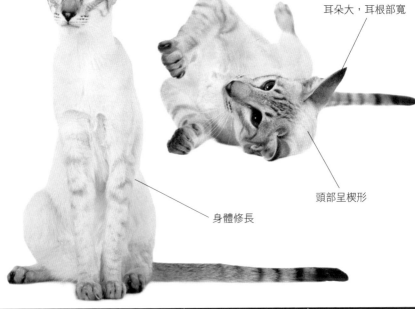

前額有「M」形虎斑斑紋

耳朵大，耳根部寬

頭部呈楔形

身體修長

長毛異種：海豹虎斑重點色峇里貓　　壽命：10 ～ 20 歲　　個性：感情豐富

眼睛為明亮的碧藍色

兩頰有深色斑紋

被毛細短光滑

四肢較長

掌小，橢圓形

尾巴長而細，有環紋

克拉特貓

該天然品種於14世紀初形成。牠在泰國的克拉特省被人們視為好運的象徵，名稱也由此得來。19世紀在英國展出過引進的克拉特貓，但並沒有取得成功，因為人們認為牠只不過是長着藍色被毛的暹羅貓而已。美國的育種專家於1959年開始了該品種的育種工作，1966年和1969年，該品種先後得到了CFA（國際愛貓聯合會）和TICA（國際貓協會）的承認。

原產國：泰國　　　　　品種：克拉特貓
祖先：未知　　　　　　起源時間：14世紀初

藍色貓

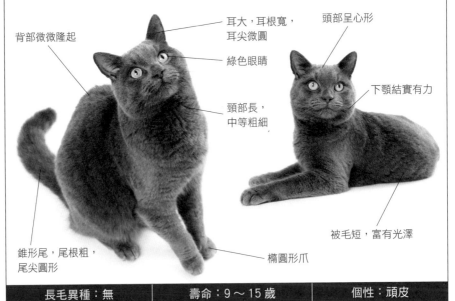

這種貓原產於泰國西北部的克拉特高原，產量很少。在美國該品種已有很高的知名度，但在歐洲牠依然默默無聞。

⇨ 主要特徵：大城王國（1350～1767）的《貓詩冊》中這樣描述牠：「毛髮光滑，毛尖藍似雲，毛根白似銀，眼睛亮似蓮花瓣上的露珠。」現在牠們仍然保持着傳統的外貌。

⇨ 飼養提示：克拉特貓智商很高，只要稍加訓練，牠就可以學會撿拾玩具或用雙腿走路。

⇨ 附註：這種貓對其他貓不友好，對陌生人也不信任。

背部微微隆起

耳大，耳根寬，耳尖微圓

頭部呈心形

綠色眼睛

頸部長，中等粗細

下顎結實有力

錐形尾，尾根粗，尾尖圓形

橢圓形爪

被毛短，富有光澤

長毛異種：無	壽命：9～15歲	個性：頑皮

緬甸貓

被毛光滑，性格溫柔、頑皮。眼珠顏色應為金色、金橙色或琥珀色，純種的緬甸貓在遺傳學上不可能有藍色或藍綠色眼睛。緬甸貓分兩種：美國緬甸貓和英國緬甸貓。英國緬甸貓顯得小一些，而美國緬甸貓則較強壯。目前，這個品種的顏色種類正在不斷增加，緬甸貓愈來愈受愛貓者的追捧。

原產國：泰國　　　　　品種：緬甸貓
祖先：非純種短毛貓　　　起源時間：15 世紀

藍色貓

1955年，首次在一窩緬甸貓中發現了一隻藍色的小貓，牠引起了人們的注意，並被取名為「海豹皮藍色怪貓」。

⇨ 主要特徵：被毛顏色為柔和的暗銀灰色，腳、臉和耳朵上富有比較明顯的銀色光澤。

⇨ 飼養提示：緬甸貓的某些行為有點像狗，很多緬甸貓都能像狗那樣把東西叼回來。主人可以在貓幼年時期有意識地稍加訓練。

⇨ 附註：緬甸貓非常依賴人。

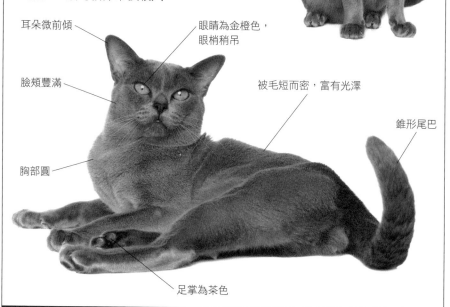

耳朵微前傾

眼睛為金橙色，眼梢稍吊

臉頰豐滿

被毛短而密，富有光澤

錐形尾巴

胸部圓

足掌為茶色

長毛異種：藍色蒂法尼貓	壽命：13～18歲	個性：頑皮

| 原產國：泰國 | 品種：緬甸貓 |
| 祖先：非純種短毛貓 | 起源時間：15 世紀 |

黃褐色貓

通常，各種顏色的緬甸貓幼貓毛色都比較淺，也會略帶虎斑。

⇨ 主要特徵：被毛基色為乳黃色，面部、耳朵和尾巴的顏色較深，眼睛金黃色。

⇨ 飼養提示：雌性緬甸貓喜歡成為人們注意力的中心，如果被主人忽視，牠們通常會很生氣。

⇨ 附註：原本緬甸貓只有像貂皮一樣的褐色，但經多年的品種改良後，現在已經產生了很多不同的毛色。

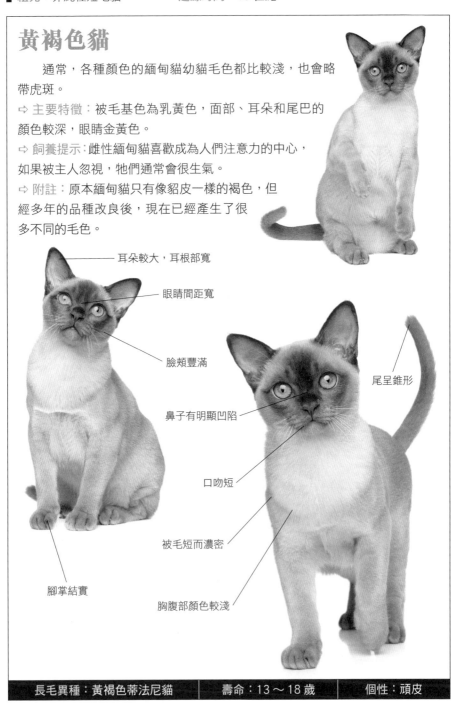

耳朵較大，耳根部寬

眼睛間距寬

臉頰豐滿

尾呈錐形

鼻子有明顯凹陷

口吻短

被毛短而濃密

腳掌結實

胸腹部顏色較淺

| 長毛異種：黃褐色蒂法尼貓 | 壽命：13～18 歲 | 個性：頑皮 |

褐玳瑁色貓

　　和其他品種的玳瑁貓一樣，大部分是母貓，公貓一般無生育能力。

⇨ 主要特徵：和其他顏色品種的緬甸貓長相沒有區別。被毛顏色為褐色和紅色夾雜的顏色，身上沒有寬條紋。

⇨ 飼養提示：帶緬甸貓適當做一些戶外運動，更有利於牠們的健康，也可以增進你與貓的感情。

⇨ 附註：緬甸貓的嗓音細微、柔和，讓人難以拒絕。

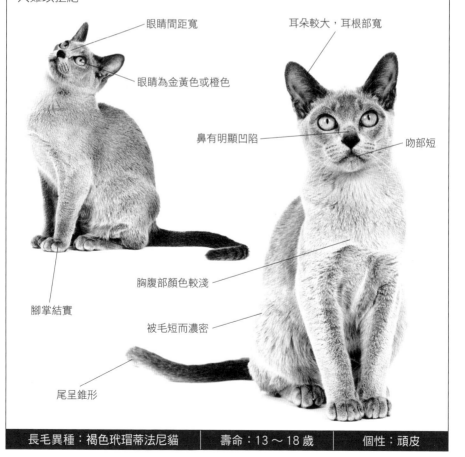

眼睛間距寬

眼睛為金黃色或橙色

耳朵較大，耳根部寬

鼻有明顯凹陷

吻部短

胸腹部顏色較淺

被毛短而濃密

腳掌結實

尾呈錐形

長毛異種：褐色玳瑁蒂法尼貓	壽命：13 ～ 18 歲	個性：頑皮

原產國：泰國　　　　品種：緬甸貓
祖先：非純種短毛貓　起源時間：15 世紀

啡色貓

　　緬甸貓的體重偏重，通常被形容為「包在絲綢裏的磚」。這種貓以體形結實雄壯、頭形偏圓的為最佳，常常出現在貓展中。

⇨ 主要特徵：成年貓的被毛為很深的海豹褐色，毛色均勻，無花色。頸部、胸部和腹部顏色較淺。

⇨ 飼養提示：天氣晴朗的時候，應讓貓多曬太陽，特別是正在成長發育中的幼貓，因為陽光中的紫外線不僅有消毒殺菌功能，還能促進鈣的吸收，有利於骨骼生長發育，防止幼貓患上佝僂病。

⇨ 附註：大部分的緬甸貓都能習慣坐汽車出行。

眼睛圓且大，為金黃色

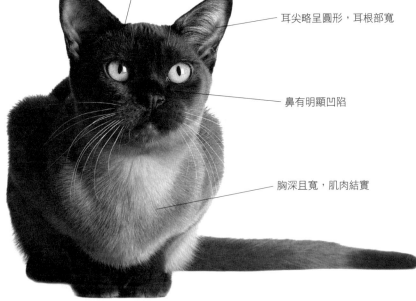

耳尖略呈圓形，耳根部寬

鼻有明顯凹陷

胸深且寬，肌肉結實

| 長毛異種：啡色蒂法尼貓 | 壽命：13～18 歲 | 個性：頑皮 |

體形緊實、肌肉發達

整體的橢圓形腳掌

頸部和胸腹部顏色較淺

中等長度的尾巴，不扭結

四肢粗壯，長度與軀幹相協調

原產國：泰國　　　　品種：緬甸貓
祖先：非純種短毛貓　　起源時間：15 世紀

朱古力色貓

　　緬甸貓很愛叫，而且牠們的叫聲柔和。牠們喜歡與人一起生活，跟主人感情深厚，對人類活動也很有興趣。朱古力色緬甸貓也被稱為「香檳色緬甸貓」。

⇨ 主要特徵：被毛呈暖朱古力牛奶色，胸腹部毛色較淺，身上沒有任何斑紋。

⇨ 飼養提示：緬甸貓的被毛光滑如緞，幾乎不需要梳理，牠們性格親切友善，很適合有小朋友的家庭餵養。

⇨ 附註：緬甸貓較早熟，約 5 個月大時就開始發情，7 個月大時就可交配產子。

幼貓

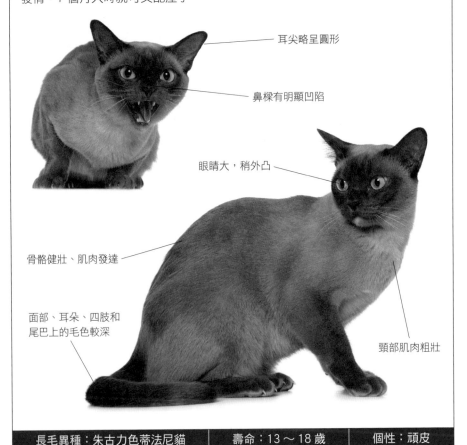

耳尖略呈圓形

鼻樑有明顯凹陷

眼睛大，稍外凸

骨骼健壯、肌肉發達

面部、耳朵、四肢和尾巴上的毛色較深

頸部肌肉粗壯

長毛異種：朱古力色蒂法尼貓	壽命：13～18 歲	個性：頑皮

新加坡貓

目前公認的所有貓品種中體形最幼小的貓種。牠們本是浪跡於新加坡街頭巷尾，到處遊蕩、藏身於陰溝下水道裏的貓，所以也叫「陰溝貓」。1970年，一對美國的愛貓夫婦在新加坡發現了這種貓，並將牠們帶回美國開始繁育。1979年，這一品種得到了公認，並與新加坡這一地名相聯繫，取名「新加坡貓」。

原產國：新加坡　　　　品種：新加坡貓
祖先：非純種斑紋短毛貓　起源時間：20世紀70年代

黑褐色貓

新加坡貓體形非常嬌小，但是優雅漂亮，牠們性格文靜，很有好奇心，對主人非常忠誠。

⇨ 主要特徵：暖色調的「古象牙」底色上有黑褐色斑紋，身體下方的毛色較淺。幼貓看上去被毛較長。

⇨ 飼養提示：這種貓的個性跟小孩一樣，跟牠玩要是件很有趣的事，可以去寵物店為貓買些玩具，也可以自己動手為牠做幾個。

⇨ 附註：一般成年雌貓不足2千克，最重的雄貓也極少有超過2.5千克的。

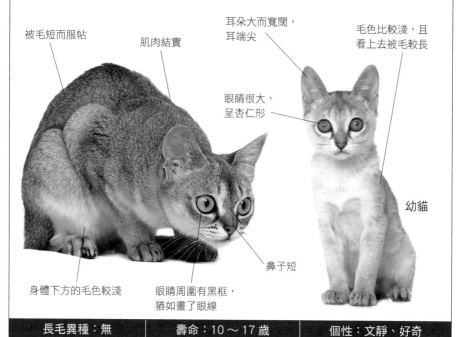

被毛短而服帖

肌肉結實

耳朵大而寬闊，耳端尖

毛色比較淺，且看上去被毛較長

眼睛很大，呈杏仁形

鼻子短

幼貓

身體下方的毛色較淺

眼睛周圍有黑框，猶如畫了眼線

長毛異種：無	壽命：10～17歲	個性：文靜、好奇

第三章
北美洲貓

北美洲貓是指原產國位於北美洲的貓。

本章所選的貓的品種有

緬因貓,如暗灰黑色白色貓;

加拿大無毛貓,如淺紫色白色貓;

異國短毛貓,如藍色標準虎斑貓;

塞爾凱克捲毛貓,如玳瑁色白色貓;

曼赤肯貓,如海豹色重點色貓;

孟加拉貓,如豹貓;

美國短毛貓,如藍色貓等。

孟買貓

由緬甸貓和黑色美國短毛貓雜交培育而成。由於其外貌酷似印度豹，故以印度的都市孟買命名。1976年，孟買貓曾被愛貓者協會評選為冠軍。就外表來看，孟買貓宛如一隻小型黑豹，但其個性溫馴柔和，穩重好靜。不過牠也不怕生，感情豐富，很喜歡和人類親近，被人摟抱時，牠的喉嚨會不停地發出滿足的呼嚕聲。

原產國：美國　　　　**品種**：孟買貓
祖先：緬甸貓 × 美國短毛貓　**起源時間**：20 世紀 50 年代

黑色貓

　　孟買貓身材中等，食量較大，肌肉強健，體重相對於身形大小來說，可以算是「重量級」的，所以抱起來覺得格外有分量。

⇨ **主要特徵**：被毛短而富有光澤，漆黑油亮，襯托得眼睛更加明亮。幼貓發育十分緩慢，被毛上常有虎斑。臉頰豐滿，體形中等。

⇨ **飼養提示**：孟買貓感情豐富，喜歡與人為伴，所以不要長時間冷落牠們。

⇨ **附註**：幼貓的眼睛顏色出生時是藍色，然後變成灰色，最後變成金色或深紫銅色。

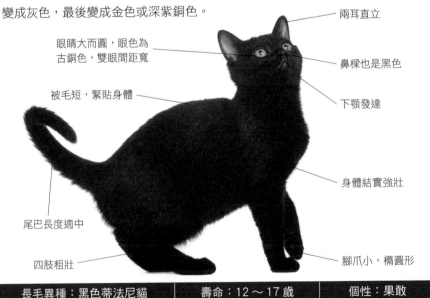

眼睛大而圓，眼色為古銅色，雙眼間距寬

被毛短，緊貼身體

尾巴長度適中

四肢粗壯

兩耳直立

鼻樑也是黑色

下顎發達

身體結實強壯

腳爪小，橢圓形

長毛異種：黑色蒂法尼貓	壽命：12～17歲	個性：果敢

重點色長毛貓

在北美地區，重點色長毛貓又被稱為喜馬拉雅貓。1935年，有人沿用原美國繁殖計劃成果，開始研究建立此品種。一開始黑色長毛貓同暹羅貓雜交產下三隻黑色短毛小貓，培育者讓其中的兩隻小貓交配，第一次得到一隻長毛小貓，取名為「初進社交界的少女」；然後培育者再把牠和牠的父親放到一起交配，第二次得到一隻重點色長毛小貓。

原產國：美國	品種：重點色長毛貓
祖先：暹羅貓 × 長毛貓	起源時間：20 世紀 20 年代

乳黃色重點色貓

重點色長毛貓繼承和結合了波斯貓與暹羅貓的優點，牠們融合了波斯貓的輕柔、反應靈敏和暹羅貓的聰明、溫雅。牠們既有波斯貓的體態和長毛，又有暹羅貓的毛色和眼睛。

⇨ 主要特徵：身體是乳白色，重點色則為較深的乳黃色，頭大而圓，身體矮胖。

⇨ 飼養提示：為了小貓可以健康地長大，要及時給牠接種疫苗，接種疫苗的時間為小貓12周大左右，1歲前共打兩次疫苗，兩次之間間隔20天，以後每年1次。

⇨ 附註：公貓臉部重點色的面積較大。

藍色眼睛比較圓

耳朵小、耳內多飾毛

頸部較短

重點色的顏色濃度均勻

被毛濃密蓬鬆

短毛異種：乳黃色重點色英國短毛貓	壽命：12 ～ 17 歲	個性：溫和

原產國：美國　　　　　品種：重點色長毛貓
祖先：暹羅貓 × 長毛貓　　起源時間：20 世紀 20 年代

朱古力色重點色貓

　　朱古力重點色是一種隱性基因，在同型繁育時可出現朱古力色和丁香色。也就是說，要使後代顯示這種顏色，父母雙方都必須擁有朱古力色的隱性等位基因。

⇨ 主要特徵：前額較扁，側看鼻子上有凹陷，身體為象牙白色，臉、耳、尾和四肢應為暖色的朱古力色。

⇨ 飼養提示：如有條件，應給愛寵刷牙，以避免牙齦發炎引起的細菌侵入。

⇨ 附註：重點色長毛貓性格溫和、叫聲輕柔，聰明、忠誠、愛玩、愛撒嬌，喜歡與主人形影不離，比其他貓更大膽，是一種極為高貴的品種。

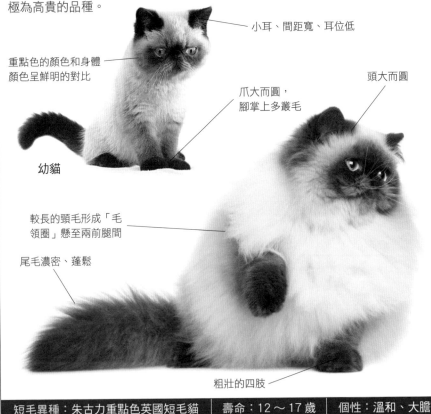

重點色的顏色和身體顏色呈鮮明的對比

小耳、間距寬、耳位低

爪大而圓，腳掌上多叢毛

頭大而圓

幼貓

較長的頸毛形成「毛領圈」懸至兩前腿間

尾毛濃密、蓬鬆

粗壯的四肢

短毛異種：朱古力重點色英國短毛貓	壽命：12～17 歲	個性：溫和、大膽

緬因貓

又稱緬因庫恩貓，體形大，是北美地區自然產生的第一個長毛品種。牠們性格獨立、堅強、勇敢。外形上，牠們的被毛濃密柔滑，背和腿上毛髮較長，底層絨毛細軟，尾毛長而濃密。人們可以看到各種毛色和花式的緬因貓，唯獨沒有朱古力色重點色、淡紫色重點色或暹羅色重點色類型的花貓。牠的眼睛為綠色、金黃色或古銅色。

原產國：美國　　　　品種：緬因貓
祖先：非純種長毛貓　　起源時間：18 世紀 70 年代

藍色貓

緬因貓屬體形較大的貓，但其性情溫順，善解人意，是非常好的寵物。

⇨ 主要特徵：與身軀相比，頭會顯得比較小，身軀的顏色為由淺到中等深度的藍灰色，顏色均勻，沒有雜毛。

⇨ 飼養提示：除了貓糧之外，建議每周給小貓吃一點肉類食物，但是量一定不要太多。

⇨ 附註：公緬因貓原本是工作貓，牠們體格健壯且能吃苦耐勞，能忍受惡劣的天氣。牠們的祖先——農場貓習慣在高低不平的地方睡覺。

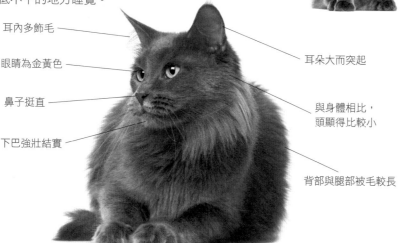

耳內多飾毛

眼睛為金黃色

鼻子挺直

下巴強壯結實

耳朵大而突起

與身體相比，頭顯得比較小

背部與腿部被毛較長

| 短毛異種：藍色美國短毛貓 | 壽命：10～15 歲 | 個性：獨立、勇敢 |

| 原產國：美國 | 品種：緬因貓 |
| 祖先：非純種長毛貓 | 起源時間：18 世紀 70 年代 |

暗灰黑色白色貓

這種貓每隻的體形相差較大，不能僅憑體形確定牠的特徵，但在個性上每隻貓沒有太大的差異。

➭ 主要特徵：底層毛為白色，毛尖色為黑色，底層毛在緬因貓走動時看得最清楚，頭部、四肢、被毛顏色較其他部位深。

➭ 飼養提示：緬因貓很少單獨進食，喜歡跟眾貓或朋友們一起大快朵頤。因此，飼養緬因貓的同時，最好家裏能再餵養些其他動物。

➭ 附註：緬因貓種的起源有好幾種説法，通常都是誇張的故事。其中一個故事説到，曾經有一隻貓跑到了緬因州的野外，結果跟一隻浣熊發生跨種交配，於是就生下一堆具有現代緬因貓特徵的後代。

下巴強壯結實，側面輪廓近乎正角

頸部厚實的毛領圈

胸部寬闊結實，前胸的毛較短

尾尖羽毛狀

耳朵基部寬

頭部略寬

嘴部呈方形

腳爪大而圓

| 短毛異種：黑色美國短毛貓 | 壽命：10 ～ 15 歲 | 個性：聰明、獨立 |

啡色虎斑白色貓

在歐洲曾被稱為美國森林貓，是緬因貓中歷史最悠久的品種之一，最初是由鄉村農場馴養。

⇨ 主要特徵：體毛基色為黃啡色，帶有清晰的黑色虎斑，白色被毛只分佈在身體下部和腳上。

⇨ 飼養提示：緬因貓容易患心室肥大症，有責任心的主人可以堅持定期通過超聲心室檢查來監控緬因貓的健康狀況。

⇨ 附註：祖先是較為普通的啡色虎斑貓。

耳朵大，耳內多飾毛

被毛濃密，
虎斑清晰

鼻子挺直，
沒有鼻節

頭上有明顯的「M」形虎斑

腳爪白色

尾毛粗，尾毛濃密蓬鬆

短毛異種：啡色虎斑和白色美國短毛貓　　壽命：10～15 歲　　個性：獨立

原產國：美國　　　　品種：緬因貓
祖先：非純種長毛貓　　起源時間：18 世紀 70 年代

白色貓

　　在滅鼠藥出現之前，緬因貓時常被帶着出海在船上捕鼠，因此牠們養成了在家中某個角落或某個似乎不是很舒適的地方睡覺的習慣。

⇨ 主要特徵：與整個體形相比，頭顯得較小，成貓有頸垂肉，頭稍寬。耳朵大而突起，耳尖端長有叢集毛。胸部寬闊，肌肉發達。

⇨ 飼養提示：幼貓和成年貓都喜歡嚼生骨頭來磨練牠們的牙齒，但一定不要讓尖銳的碎骨片傷了貓的牙齒。貓糧的顆粒狀是經過精心設計的，能夠幫助貓磨利牙齒，並確保安全。

⇨ 附註：牠們的長毛祖先可能是在 18 世紀時從歐洲和亞洲來到美國的。

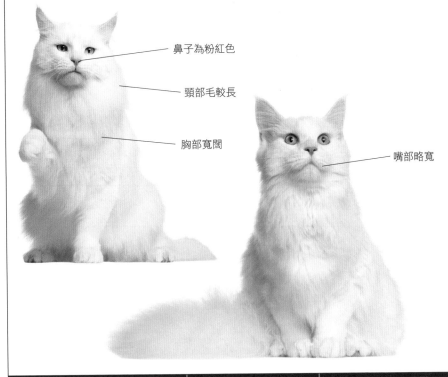

鼻子為粉紅色

頸部毛較長

胸部寬闊

嘴部略寬

| 短毛異種：白色美國短毛貓 | 壽命：10 ～ 15 歲 | 個性：獨立、勇敢 |

耳朵大，耳內飾毛豐富

眼睛金色

頭部中等闊度

四肢健壯

腳爪大而圓

被毛濃密而光滑

尾毛長而蓬鬆，尾巴粗大

原產國：美國　　　　品種：緬因貓
祖先：非純種長毛貓　　起源時間：18 世紀 70 年代

銀色虎斑貓

　　很聰明的貓，有時會用前爪撿起食物和樹枝。不討厭水，厚密的體毛可承受風吹雨打，在家裏會以玩水龍頭上的滴水為樂。

⇨ 主要特徵：基色應是銀白色，身上有濃而清晰的黑色虎斑。

⇨ 飼養提示：貓不能很好地吸收植物中的養分，牠們若長期吃素，很快便會失明，甚至死亡。

⇨ 附註：每窩產 2～3 隻小貓，小貓的大小和毛色差異會比較大，發育緩慢，4 歲時才能完全成熟。

眼睛金黃色
或古銅色，
杏仁形

頭部有「M」形斑紋

腿上有明顯
橫條紋

腳掌大而圓

尾毛長而濃密

頸部粗壯結實

骨骼健壯

短毛異種：銀白虎斑美國短毛貓　　壽命：10～15 歲　　個性：獨立、勇敢

原產國：美國　　　　品種：緬因貓
祖先：非純種長毛貓　　起源時間：18 世紀 70 年代

啡色標準虎斑貓

　　大概是因為牠們佈有條紋圖案的尾巴和北美著名的浣熊的尾巴相似，所以又稱之為緬因浣熊貓。

⇨ 主要特徵：底色應是暖色調的紫銅色，帶有與之形成對比的黑色虎斑。標準型虎斑貓身上的虎斑應呈塊狀，顏色一致，鼻子呈磚紅色。

⇨ 飼養提示：如果貓長期吃生魚，會因為不能完全吸收其中的營養而缺乏維他命B_1，可能會導致抽筋甚至死亡，所以餵貓魚時一定要把魚煮熟。

⇨ 附註：啡色標準虎斑緬因貓是緬因貓中較普通的品種。

耳位高

被毛濃密滑順

兩眼距離略寬

鼻子為磚紅色

尾巴粗長，尾毛長而蓬鬆

腳爪大而圓

腿上有明顯橫條紋

短毛異種：啡色標準虎斑美國短毛貓　　壽命：10 ～ 15 歲　　個性：獨立、溫和

原產國：美國　　　　品種：緬因貓
祖先：非純種長毛貓　　起源時間：18世紀70年代

乳黃色標準虎斑貓

緬因貓是北美洲最古老的天然貓種，牠也成為美國第一種本土展示貓。

⇨ 主要特徵：身體基色為乳黃色，帶有顏色較深的虎斑，兩肋腹上帶有蠔狀圖案。

⇨ 飼養提示：年老的貓消化能力會日漸衰退，牠們吸收不到乾糧中的營養，所以不宜再給牠們餵食乾糧。

⇨ 附註：緬因貓在國外一直都是最受歡迎的貓種之一，調查顯示，其受歡迎的程度在美國可以排到前三名。

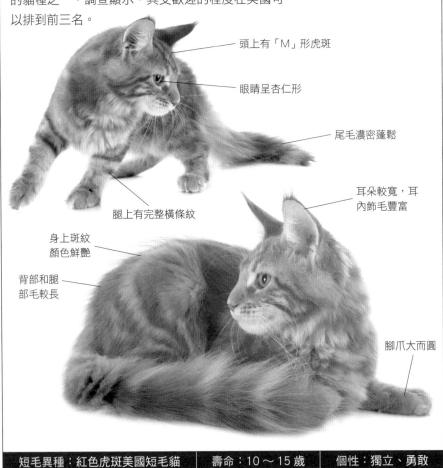

頭上有「M」形虎斑

眼睛呈杏仁形

尾毛濃密蓬鬆

耳朵較寬，耳內飾毛豐富

腿上有完整橫條紋

身上斑紋顏色鮮艷

背部和腿部毛較長

腳爪大而圓

| 短毛異種：紅色虎斑美國短毛貓 | 壽命：10～15歲 | 個性：獨立、勇敢 |

原產國：美國　　　　品種：緬因貓
祖先：非純種長毛貓　　起源時間：18 世紀 70 年代

銀玳瑁色虎斑貓

　　和銀色虎斑貓的區別在於牠們的身上會有乳黃色或紅色的斑塊。

⇨ 主要特徵：軀幹長，被毛底色為銀色，虎斑顏色為黑色，輪廓清晰。身上有紅色和乳黃色斑塊。

⇨ 飼養提示：很多貓都喜歡少食多餐，如果牠們長得過胖將會導致不少健康問題，主人應該嚴格控制貓的食量，並給牠們提供營養均衡的食物。

⇨ 附註：緬因貓外表看起來威猛無比，全身充滿了野性的氣息，但牠們是對主人最為溫馴、忠心的貓種之一。

頭上有「M」形虎斑

鼻子為磚紅色，帶有黑框

耳朵較大，耳內多飾毛

尾毛長而蓬鬆

四肢有橫條紋

腳爪大而圓

短毛異種：銀色玳瑁虎斑美國短毛貓	壽命：10～15 歲	個性：獨立

原產國：美國　　　　　品種：緬因貓
祖先：非純種長毛貓　　起源時間：18 世紀 70 年代

藍銀玳瑁色虎斑貓

　　這種顏色品種的貓由於被毛顏色較複雜，所以沒有兩隻貓的外表完全相同。

⇨ 主要特徵：底色為帶藍色的銀色，被毛中夾雜明顯清晰的乳黃色補片狀玳瑁圖案，虎斑明顯。

⇨ 飼養提示：主人要注意緬因貓有髖關節發育不良和多囊性腎病的問題。此外，緬因貓的牙齦炎與牙周炎病發率也比其他貓種高，但緬因貓仍然是一種身體結實強壯的貓。

⇨ 附註：除了聰穎與活潑的性格廣為人知以外，緬因貓巨大的體形也令人過目難忘。

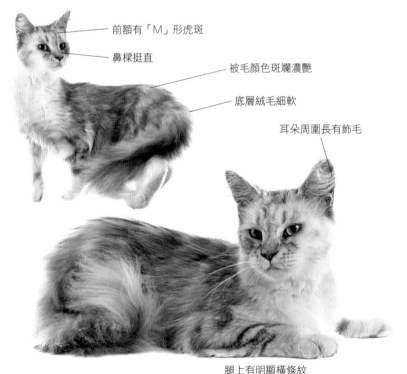

前額有「M」形虎斑

鼻樑挺直

被毛顏色斑斕濃艷

底層絨毛細軟

耳朵周圍長有飾毛

腿上有明顯橫條紋

| 短毛異種：藍銀色玳瑁虎斑美國短毛貓 | 壽命：10～15 歲 | 個性：獨立、勇敢 |

原產國：美國　　　　品種：緬因貓
祖先：非純種長毛貓　　起源時間：18 世紀 70 年代

黑色貓

　　黑色緬因貓喜歡大範圍活動，喜歡睡在偏僻的地方，且很容易相處，是理想的寵物。

⇨ 主要特徵：全身被毛為黑色，極為濃密蓬鬆，被毛長度並不一致，光滑有層次，背部和腿部的被毛長而濃密，尾部的被毛則像羽毛一樣散開。

⇨ 飼養提示：不要餵牛奶給貓喝，否則會導致牠們腸胃不適，如有需要可餵貓專用的奶製品。

⇨ 附註：緬因貓能發出像小鳥般唧唧的輕叫聲，非常動聽。

耳朵上面有一小撮與猞猁耳朵一樣的脊毛

耳朵大而尖，耳毛發達

眼睛綠色、金黃色或古銅色

背部和腿部毛髮較長

腳爪大而圓　　四肢粗壯

尾長且蓬鬆

短毛異種：黑色美國短毛貓	壽命：10 ～ 15 歲	個性：聰明、獨立

原產國：美國	品種：緬因貓
祖先：非純種長毛貓	起源時間：18世紀中葉

銀色標準虎斑貓

　　該貓原在鄉村馴養，約在18世紀中葉形成較穩定的品種。其長相與森林貓類似，在貓類中屬大體形的品種。

⇨ 主要特徵：身體基色為銀色，與顏色較深的塊狀虎斑斑紋形成鮮明對比，兩肋腹部有明顯蠔狀圖案。

⇨ 飼養提示：和多數長毛貓不同，牠們不適宜住在公寓裏，因為這種貓需要寬敞的地方，喜歡進入花園或院子活動。

⇨ 附註：被毛厚且濃密，前胸被毛較短，背部、腹部及大腿的被毛較長，毛質如絲一般，順滑且向下飄。

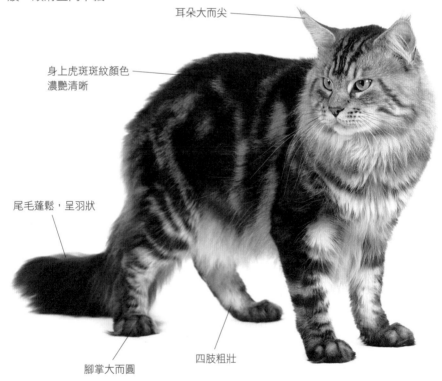

耳朵大而尖

身上虎斑斑紋顏色濃艷清晰

尾毛蓬鬆，呈羽狀

腳掌大而圓

四肢粗壯

短毛異種：銀色標準虎斑美國短毛貓	壽命：10～15歲	個性：獨立、勇敢

眼睛大，眼角稍吊，
為綠色、金黃色或
古銅色

鼻子為磚紅色，帶有黑框

下巴結實強壯

頸部有毛領圈

布偶貓

又稱布娃娃貓、玩偶貓、布拉多爾貓，性格異常溫柔，缺乏自我保護能力，較適宜在室內飼養。牠們非常友善，能容忍孩子的嬉鬧；愛交際，甚至可以和狗友好相處，是理想的家庭寵物。牠們非常喜歡和人類在一起，喜歡有人陪伴，如果你工作繁忙，最好不要飼養此品種，不然牠們會很不快樂。

原產國：美國	品種：布偶貓
祖先：白色長毛貓 × 伯曼貓	起源時間：20 世紀 60 年代

朱古力色雙色貓

布偶貓是所有貓中體形最大的一種，絕育過的雄性布偶貓可以長到 10 千克左右，甚至更重，而母貓則相對小一些。

⇨ 主要特徵：眼睛為海藍色，朱古力色毛區與白色毛區輪廓清晰，下巴與上唇、鼻子可連成一條直線。

⇨ 飼養提示：關節痛是高齡寵物的通病，如果貓不能定期活動，可在牠休息時幫牠輕輕按摩肌肉或活動四肢關節。

⇨ 附註：最早的布偶貓是由一隻在路上遭車禍後的白色長毛貓生下的，這件事令早期人們認為布偶貓對疼痛的感覺很遲鈍，這是謬論，是完全錯誤的觀點。

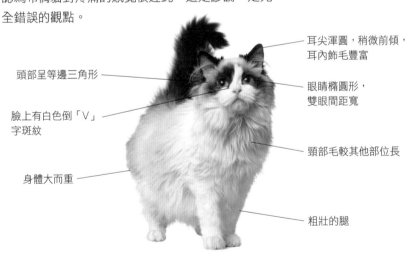

- 耳尖渾圓，稍微前傾，耳內飾毛豐富
- 頭部呈等邊三角形
- 眼睛橢圓形，雙眼間距寬
- 臉上有白色倒「V」字斑紋
- 頸部毛較其他部位長
- 身體大而重
- 粗壯的腿

短毛異種：無	壽命：15 ～ 20 歲	個性：溫順恬靜、友善

原產國：美國　　　　　品種：布偶貓
祖先：白色長毛貓 × 伯曼貓　起源時間：20 世紀 60 年代

淡紫色雙色貓

　　布偶貓是由美國加利福尼亞州的繁殖學家安貝克精心培育出來的新品種，牠於 1965 年就得到了美國權威愛貓團體的資格認證。

⇨ 主要特徵：帶粉紅的紫灰色毛區與白色毛區形成對比，錐形長尾上的被毛狀似羽毛，臉上呈現倒「V」形斑紋。

⇨ 飼養提示：布偶貓需要主人的陪伴，如果你平時工作較忙，那麼家裏最好有小孩或老人，有他們的陪伴，布偶貓可以成長得更快樂。

⇨ 附註：大部分佈偶貓現在生長在美國，較少在世界各地公開亮相，是典型的美國名貓，美國境外的布偶貓頗罕見。

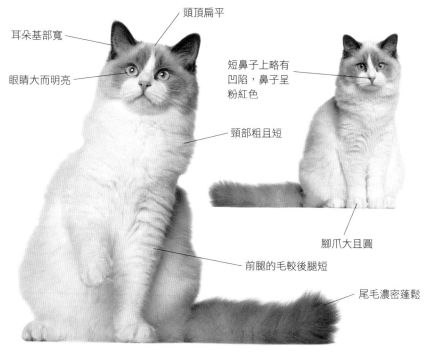

頭頂扁平

耳朵基部寬

眼睛大而明亮

短鼻子上略有凹陷，鼻子呈粉紅色

頸部粗且短

腳爪大且圓

前腿的毛較後腿短

尾毛濃密蓬鬆

短毛異種：無	壽命：15 ～ 20 歲	個性：溫順恬靜、友善

原產國：美國　　　　　品種：布偶貓
祖先：白色長毛貓 × 伯曼貓　　起源時間：20 世紀 60 年代

海豹色雙色貓

雙色布偶貓的四隻爪子、腹部、胸部和臉上呈倒「V」形的部分都是白色的，背部也可能有一兩片白色的斑紋。只有尾巴、耳朵和倒「V」以外的部分才會顯示出較深的顏色。

⇨ 主要特徵：基本對稱的八字臉，四條腿大都是純白色，鼻頭和腳掌粉紅。

⇨ 飼養提示：作為長毛貓，他們需要主人為其做日常的皮毛梳理，不過這個品種的貓掉毛現象比較少，為他們梳理毛髮是一項比較簡單的工作。

⇨ 附註：並非每一隻雙色布偶貓臉上的「八」字都完美對稱，有一些貓的白色部分會高至頭頂，有一些白色部分則只到鼻樑。

被毛長而濃密

白色倒「V」形斑紋

粉色鼻頭

胸部寬，頸粗而短

爪子和腿都是白色的

短毛異種：無	壽命：15 ～ 20 歲	個性：溫順恬靜、友善

原產國：美國　　　　品種：布偶貓
祖先：白色長毛貓 × 伯曼貓　起源時間：20 世紀 60 年代

朱古力色重點色貓

　　這種重點色的布偶貓有經典的暹羅貓的圖案，但其蓬鬆呈羽狀的尾巴與典型的「V」形臉還是能夠讓人輕鬆辨認出來。

⇨ 主要特徵：臉、耳、尾、四肢和尾巴應為暖色的朱古力色，胸部、腹部都為白色。

⇨ 飼養提示：所有的貓都喜歡磨爪子，主人最好在家裏準備一個貓抓板，這樣就不用擔心貓會破壞家具了。

⇨ 附註：雖然布偶貓有雙色、梵色、「手套」和重點色四種顏色圖案，但是CFA（國際愛貓聯合會）只接受雙色和梵色布偶貓參加比賽，「手套」和重點色布偶貓只能登記註冊。

雙耳間距寬闊

海藍色眼睛

華麗的毛領圈

鼻子呈深海豹色

四肢粗壯

被毛中等長度，柔軟而濃密

尾毛濃密蓬鬆

| 短毛異種：無 | 壽命：15～20 歲 | 個性：溫順恬靜、友善 |

原產國：美國　　　　品種：布偶貓
祖先：白色長毛貓 × 伯曼貓　　起源時間：20世紀60年代

「手套」淡紫色重點色貓

　　這種「手套」貓是布偶貓中的精品，牠們有毛茸茸的白色下巴，戴着「白手套」與「靴子」，樣子可愛又滑稽，很受喜愛。

⇨ 主要特徵：重點色為帶粉色的淺灰色，前腳掌為白色，大小不超出腿和腳掌形成的角度，後腿上白色部分向上延伸至踝關節，整個身體下方由下巴至尾部也都是白色。

⇨ 飼養提示：布偶貓是嚴格的室內貓，不要把牠們放在室外散養，外界的流浪貓、狗及飛禽都有可能傷害到牠們。

⇨ 附註：剛出生的幼貓全身是白色的，1周後幼貓的臉部、耳朵和尾巴開始有顏色變化，直到2歲時其被毛才穩定下來，到3～4歲才完全長成。

頭頂較為平坦

眼睛明亮，為海藍色

被毛濃密且厚實

腳掌呈白色

身體下部呈白色

短毛異種：無	壽命：15～20歲	個性：溫順恬靜、友善

下巴白色

尾毛蓬鬆

雙耳間距寬

華麗的毛領圈

身體大而重

原產國：美國　　　　品種：布偶貓
祖先：白色長毛貓 × 伯曼貓　　起源時間：20 世紀 60 年代

「手套」海豹色重點色貓

　　「手套」布偶貓是指貓的前腳掌上好像戴着手
套，兩隻手套呈白色，大小相似。

⇨ 主要特徵：兩隻手套不超出腿和腳掌形成的
角度。後腿上白色「靴子」向上延伸至後腳踝
關節，整個身體下方由下巴至尾部也都是白色。

⇨ 飼養提示：布偶貓很擅長交際，牠不像其他
貓那樣有很強的佔有慾，也不愛吃醋，所以在
飼養布偶貓的同時，還可以飼養其他寵物。

⇨ 附註：布偶貓的叫聲溫柔而甜美，牠們喜歡發
出輕細的「喵喵」聲，而不是大聲地號叫。

10 個月大的幼貓

海藍色的大眼睛

骨骼粗壯的腿

純白「手套」

白色「圍頸」

| 短毛異種：無 | 壽命：15 ～ 20 歲 | 個性：溫順恬靜、友善 |

原產國：美國　　　　品種：布偶貓
祖先：白色長毛貓 × 伯曼貓　起源時間：20 世紀 60 年代

海豹色重點色貓

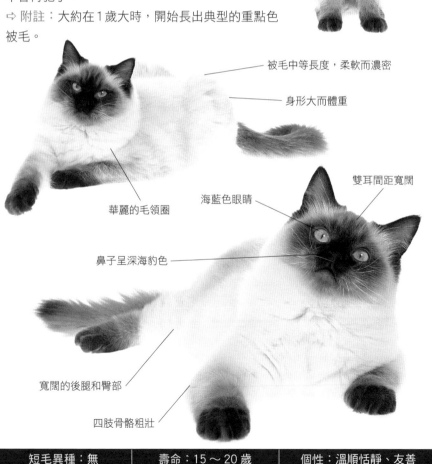

　　布偶貓是一個晚熟的品種，其體格和體重要到 4 歲時才發育完全。一般來說，重點色布偶貓的幼貓要 3 年左右，才能長成成年貓的體形和顏色。

⇨ 主要特徵：重點色區的毛色為深海豹褐色，鼻子呈海豹色，頸部被毛很長，眼睛為海藍色。母貓體形比公貓小，顏色也比較淺。

⇨ 飼養提示：布偶貓屬貓類中智商較高的一種，禁止牠們做的事重複兩三次，牠們通常就不會再犯了。

⇨ 附註：大約在 1 歲大時，開始長出典型的重點色被毛。

被毛中等長度，柔軟而濃密

身形大而體重

華麗的毛領圈

海藍色眼睛

雙耳間距寬闊

鼻子呈深海豹色

寬闊的後腿和臀部

四肢骨骼粗壯

短毛異種：無	壽命：15～20 歲	個性：溫順恬靜、友善

原產國：美國	品種：布偶貓
祖先：白色長毛貓 × 伯曼貓	起源時間：20 世紀 60 年代

玳瑁色白色貓

　　布偶貓對人友善，忍耐性極強，很受人們喜愛。有玳瑁圖案的布偶貓往往性情更加溫和。

⇨ 主要特徵：眼睛為海藍色，非常清澈明亮。臉部有大片玳瑁色斑紋，身體或多或少分佈着玳瑁色圖案，尾巴、頭部玳瑁色顏色較深。

⇨ 飼養提示：布偶貓和小孩在一起是安全的，牠們動作溫柔，性格友善，被人抱着的時候從不伸出指甲，不會對小孩造成傷害。

⇨ 附註：布偶貓的價格往往取決於牠的體形、圖案和血統。通常到小貓 12 ～ 16 周的時候繁育者才會將其轉讓。因為 12 周後小貓已經接受了最基本的疫苗接種，而且在身體和心理上已經可以適應新的生活環境，可以參加比賽或空運了。

雙耳之間較為平坦

臉部呈「V」形

下巴發育良好

短毛異種：無	壽命：15 ～ 20 歲	個性：溫順恬靜、友善

面部被毛較短

頭部大，呈楔形

眼睛為藍色，
眼角微微上揚

吻部呈圓形

被毛為中等長度，
自然不易打結

原產國：美國　　　　品種：布偶貓
祖先：白色長毛貓 × 伯曼貓　起源時間：20 世紀 60 年代

淡紫色重點色貓

　　重點色被毛圖案的布偶貓有海
豹色、藍色、朱古力色和淡紫色
等，牠們的被毛圖案相同，
只是顏色不一樣。

⇨ 主要特徵：頭大且呈
楔形，頭頂扁平，鼻子
上略有凹陷，吻部呈圓形，
頸部被毛很長，眼睛為海藍色。

⇨ 飼養提示：布偶貓很安靜，懶於像別的
貓一樣上躥下跳。牠們非常喜歡人類，最喜歡做的事就是靜靜地陪在主人身
邊，從不抗拒被人擁抱。

⇨ 附註：大約在 1 歲大時，開始長出典型的重點色被毛。

被毛中等長度，柔軟而濃密

海藍色眼睛

雙耳間距寬闊

身形大而體重

腳掌大而圓

華麗的毛領圈懸至
兩前腿間

| 短毛異種：無 | 壽命：15 ～ 20 歲 | 個性：溫順恬靜、友善 |

索馬里貓

　　屬中到大型貓，外表有王者風範。以非洲國家索馬里命名，選用此名是為了表示其與阿比西尼亞貓的近親關係。索馬里貓是由純種的阿比西尼亞貓基因突變而來的長毛貓，直到1967年人們才着手對其進行有計劃的培育繁殖。牠們的長相與阿比西尼亞貓相似，比例均勻，肌肉結實，線條優美；活潑貪玩，性情溫和；感情豐富但不過度熱情，需要人關注。

原產國：美國　　　　　品種：索馬里貓
祖先：阿比西尼亞貓　　起源時間：1967 年

深紅貓

　　深紅貓是索馬里貓的代表品種，分佈最為普遍，也是最早在英國獲准參展的顏色品種。
⇨ 主要特徵：底毛顏色是非常鮮艷的深啡紅色，並帶有金色，單根毛上有條紋，毛尖色是朱古力色。脊骨和尾巴上的毛斑紋色最深。
⇨ 飼養提示：索馬里貓運動神經非常發達，動作敏捷，喜歡自由活動，因而不適合長期圈養在室內。
⇨ 附註：以頸周圍有毛領圈、腿部有「馬褲」形長毛的為佳。

被毛顏色非常鮮艷

耳朵較大且呈寬「V」形

尾毛十分濃密

與身體相比，頭顯得比較小

背部與腿部被毛較長

下巴強壯結實

短毛異種：深紅色阿比西尼亞貓	壽命：15～20 歲	個性：活潑、好動

原產國：美國　　　　品種：索馬里貓
祖先：阿比西尼亞貓　　起源時間：1967 年

啡色貓

　　索馬里貓彼此交配只能生下長毛索馬里貓，而索馬里貓和阿比西尼亞貓雜交所生的小貓，則既有長毛的也有短毛的。

⇨ 主要特徵：毛根是深杏黃色，體色較深，毛上的斑紋是朱古力色。

⇨ 飼養提示：索馬里貓非常希望得到主人的關注和照顧，所以不可以冷落牠們太久，否則牠們會非常不開心。

⇨ 附註：在一窩雜交的小貓中，索馬里貓往往要比阿比西尼亞貓略大一些。

肩部被毛較短

腿部有「馬褲」形長毛

臀部肌肉發達

尾尖顏色較深

短毛異種：啡色阿比西尼亞貓	壽命：15 ～ 20 歲	個性：活潑、好動

原產國：美國　　　　　品種：索馬里貓
祖先：阿比西尼亞貓　　起源時間：1967 年

啡紅色貓

　　索馬里貓的眼睛有三種顏色：琥珀色、淺褐色和綠色。

⇨ 主要特徵：被毛顏色應為帶有金色的啡紅色，毛尖色是朱古力色。脊骨和尾巴上的毛斑紋色最深。整體外觀上和深紅色貓接近，但是毛色要淺得多。

⇨ 飼養提示：給索馬里貓洗澡前應先讓牠散散步，讓牠將尿和糞便排出，然後再按順序洗澡。注意不要讓含有寵物洗毛精的水進入貓的眼睛、鼻子和嘴裏。

⇨ 附註：大部分索馬里貓都懂得開水龍頭，因為牠們喜歡玩水。

耳內多飾毛

耳朵豎立

腿比較長

尾毛濃密

爪大而圓

足掌結實，趾間長有叢集毛

短毛異種：啡紅色阿比西尼亞貓	壽命：15～20 歲	個性：活潑、好動

原產國：美國　　　　品種：索馬里貓
祖先：白色長毛貓 × 伯曼貓　　起源時間：1967 年

栗色貓

　　體形中等，體格健壯，比例協調。頭呈楔形，耳朵豎起，兩耳間距寬。索馬里貓是一種警覺性很強的貓，牠們對周遭環境充滿好奇，所以給人們留下的是一種活潑好動、體力充沛的印象。

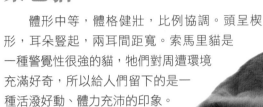

⇨ 主要特徵：雙層被毛，每根毛上有 3 ～ 4 條條紋。底層被毛是較深的杏黃色，耳尖和尾尖的毛色相似，為暖色調的紫銅色，單根體毛上帶有朱古力色斑紋。

⇨ 飼養提示：每次洗澡後，可以用不含類固醇的抗生素眼藥水和貓用滴耳油，對貓的眼睛和耳朵進行適當保養。

⇨ 附註：索馬里貓是有斑紋的，但有別於其他的斑紋，牠的每根毛都是由 3 ～ 20 條條紋組合而成，所以牠看起來像一隻顏色和諧的純色貓。

被毛細軟、濃密

體形優美

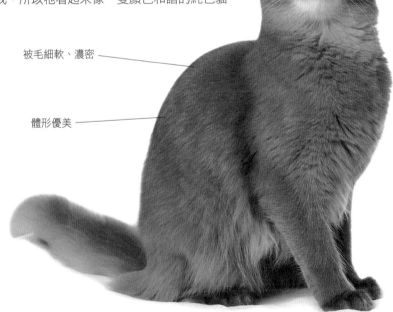

| 短毛異種：栗色阿比西尼亞貓 | 壽命：15 ～ 20 歲 | 個性：溫順恬靜、友善 |

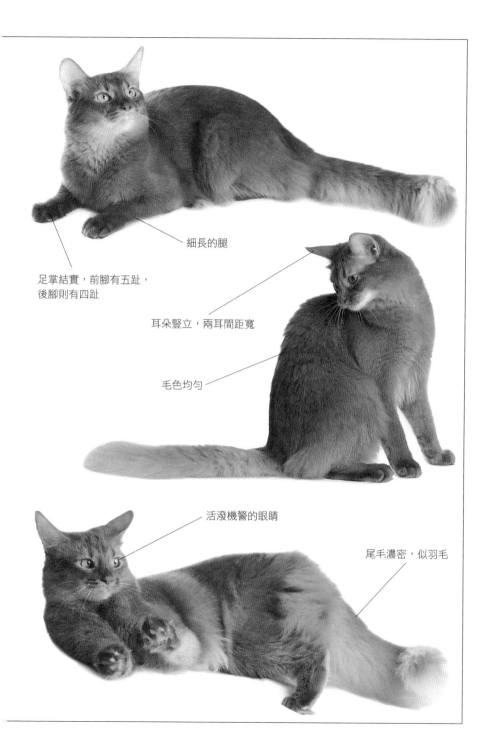

細長的腿

足掌結實，前腳有五趾，
後腳則有四趾

耳朵豎立，兩耳間距寬

毛色均勻

活潑機警的眼睛

尾毛濃密，似羽毛

原產國：美國　　　　品種：索馬里貓
祖先：阿比西尼亞貓　起源時間：1967 年

淺黃褐色貓

　　臉是稍圓的楔形，耳朵較大且呈寬的「V」形。被毛長度中等，柔軟細密，在肩部較短，在後腿上較長，尾毛十分濃密。

⇨ 主要特徵：底層被毛是帶粉紅的淺黃色或咖啡色，毛尖為啡褐色，顏色較深，與體色形成對比。

⇨ 飼養提示：此貓害怕寒冷，冬季應注意保暖。

⇨ 附註：索馬里貓初生時是一身短毛，毛會迅速變軟。隨着貓的成長，被毛會漸漸變得平滑和富有光澤。

杏仁狀琥珀色眼睛

額頭上鉛筆劃痕

耳朵較大，
耳內有飾毛

被毛柔軟、細密

細長的腿

短毛異種：淺黃褐色阿比西尼亞貓	壽命：15 ～ 20 歲	個性：活潑、好動

峇里貓

　　峇里貓非常像一種長毛暹羅貓，也是瘦長體形，與其他長毛貓相比，其被毛比較短，柔軟如貂皮，其身材修長、苗條，肌肉發育良好。其實，峇里貓和峇里島沒有地域關係，動物專家由其優美高雅的體態和婀娜多姿的動作，聯想到印尼峇里島土著舞蹈演員的姿態，因而命名。峇里貓毛長5厘米左右，毛色和暹羅貓相同，不需精心梳理。

| 原產國：美國 | 品種：峇里貓 |
| 祖先：暹羅貓 × 安哥拉貓 | 起源時間：20世紀40年代 |

海豹色重點色貓

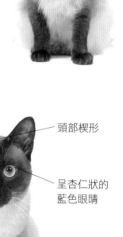

　　雖然這種貓的重點色顏色愈深愈受歡迎，但因體毛較長，能夠隔絕影響顏色深淺的冷熱氣溫，因此，重點色的顏色絕不會比海豹色重點色暹羅貓的顏色深。

⇨ 主要特徵：重點色的顏色為均勻的單一色，即和鼻、趾墊顏色相稱的暗黃豹褐色。背部是淺黃褐色，身體兩側是暖色調的乳色，身體下方顏色更淡。

⇨ 飼養提示：飼養貓的食物一定要新鮮，不新鮮的食物含有大量的細菌，所含的維他命及其他營養成分也較低。

⇨ 附註：這種貓1963年在美國首次被承認，現為世界各地極受歡迎的品種之一。

耳朵大，耳根部寬

下顎呈「V」形輪廓

頭部楔形

呈杏仁狀的藍色眼睛

身材修長

四肢健壯

| 短毛異種：海豹重點色暹羅貓 | 壽命：15～18歲 | 個性：活潑 |

原產國：美國　　　　品種：峇里貓
祖先：暹羅貓 × 安哥拉貓　　起源時間：20 世紀 40 年代

朱古力色重點色貓

　　峇里貓是由暹羅貓自然變異或隱
沒遺傳性狀產生的，所以最初被叫作
長毛暹羅貓。

⇨ 主要特徵：象牙色身體與暖色調的
乳褐重點色形成對比，鼻子和趾墊是帶
肉桂的粉色系。

⇨ 飼養提示：貓和狗所需要的營養並不相
同，切勿用狗糧餵貓。

⇨ 附註：小貓出生時被毛是白色，以後才會
長出重點色，差不多 1 歲時貓的顏色才穩定
下來。另外，成年貓隨着年齡的增長，顏色
會變得更深一些。

耳朵大而尖，根部寬

頭呈楔形

眼睛很大，幼貓
的眼睛更圓一些

鼻樑長而直

尾巴有豐富的飾毛

爪小，呈橢圓形，
趾間有毛

短毛異種：朱古力重點色暹羅貓	壽命：15～18 歲	個性：活潑

美國捲耳貓

起源於美國加利福尼亞州，1981年首次被發現，1983年人們開始對其進行品種選育，是貓世界中稀有的新成員。美國捲耳貓的捲耳是經遺傳基因突變而成的，捲曲程度有三種：輕度捲曲、部分捲曲和新月形。捲耳貓聰明伶俐、溫純可愛、性格平和，非常講究衛生。牠們愛黏主人，也能與家裏的其他寵物和睦相處，非常適合家庭餵養。

原產國：美國	品種：美國捲耳貓
祖先：非純種捲耳貓	起源時間：1981 年

白色貓

　　捲曲的耳朵是美國捲耳貓的主要特徵，同時，斜向鼻子的胡桃狀眼睛和中等大小的矩形身體也是這個品種的重要特性。

⇨ 主要特徵：半長毛型，除尾巴上多有乳黃色斑紋外，全身潔白。耳朵向頭頂彎曲，耳朵內側為淺粉紅色，長有長長的飾毛，眼睛為藍色。

⇨ 飼養提示：對牠們的耳朵要特別小心，不要將其故意彎成不自然的形狀，以免折斷耳朵的軟骨。

⇨ 附註：這個品種貓的耳朵至少捲至90°，但不超過180°。耳朵實際上呈旋轉狀，所以正面看上去兩耳尖呈對稱。

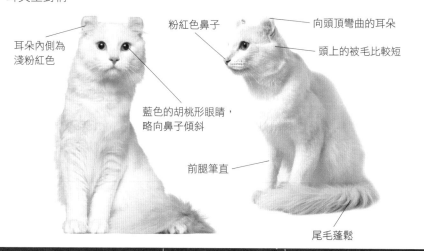

耳朵內側為
淺粉紅色

粉紅色鼻子

向頭頂彎曲的耳朵

頭上的被毛比較短

藍色的胡桃形眼睛，
略向鼻子傾斜

前腿筆直

尾毛蓬鬆

短毛異種：白色短毛捲耳貓	壽命：13 ～ 20 歲	個性：溫柔、警戒、活潑

原產國：美國　　　　　品種：美國捲耳貓
祖先：非純種捲耳貓　　起源時間：1981 年

紅白貓

　　紅白貓是非純種的美國捲耳貓，牠們是很好的伴侶，適合所有的家庭。

⇨ 主要特徵：耳朵後折，耳內多飾毛，鼻子呈粉紅色，胡桃狀眼睛斜向鼻子，身體呈矩形。

⇨ 飼養提示：美國捲耳貓的底毛極少，而且很少出現脫毛和打結現象，所以毛髮很好打理。不過牠們很享受主人對牠們進行毛髮梳理的過程，那也是主人和牠們之間的一種交流。

⇨ 附註：幼貓剛出生時耳朵都是正常的，4～7天後逐漸開始變化，形成捲耳，並於4個月之後定形，6個月時才能長成明顯的成貓耳形。

3 個月大的幼貓

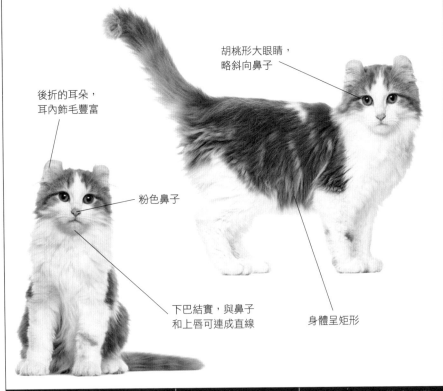

胡桃形大眼睛，略斜向鼻子

後折的耳朵，耳內飾毛豐富

粉色鼻子

下巴結實，與鼻子和上唇可連成直線

身體呈矩形

短毛異種：紅白短毛捲耳貓	壽命：13～20 歲	個性：溫柔、警戒活潑

■原產國：美國　　　　品種：美國捲耳貓
■祖先：非純種捲耳貓　　起源時間：1981 年

黃啡色虎斑貓

　　美國捲耳貓的性格穩定，平時非常安靜，不過牠們非常聰明，幼貓時的許多行為會一直保持終生。

⇨ 主要特徵：身體底色為較濃的乳黃色，與身上深啡色虎斑斑紋形成鮮明對比，胡桃形大眼睛帶有黑色「眼線」，並且眼睛周圍有乳黃色眼圈，非常漂亮。

⇨ 飼養提示：最好在貓生下來2個月以後再給貓洗澡。貓的皮膚不像人類那樣容易出汗，所以不需要經常洗澡，夏季每月2次，冬季每月1次就夠了。

⇨ 附註：該品種的貓成熟很慢，需要2～3年，體形中等，體重為2～4.5千克。

耳朵捲曲，耳內多飾毛

眼睛周圍有乳黃色眼圈

頭上有「M」形虎斑

眼睛帶有黑色「眼線」

胡桃形大眼睛

從外眼角延伸出去的「眼鏡腿」

被毛柔軟豐厚

短毛異種：黃啡色虎斑短毛捲耳貓　｜　壽命：13～20歲　｜　個性：溫柔、警戒、活潑

異國短毛貓

也叫外來種短毛貓。大約在1960年，美國的育種專家將美國短毛貓和波斯貓雜交，以改進美國貓的被毛顏色並增加其體重，於是就有了這樣一批綽號為異國短毛貓的小貓。其被毛與美國短毛貓相似，體形和波斯貓一樣是矮腳馬體形。牠們有着可愛的表情和圓滾滾的身體，性格如波斯貓般文靜、親切，深受人們喜愛。

原產國：美國	品種：異國短毛貓
祖先：美國短毛貓 × 波斯貓	起源時間：20世紀60年代

白色貓

　　FIFE（歐洲貓協聯盟）在1986年承認了異國短毛貓。該品種在美國已經非常普遍，在歐洲也逐漸流行起來。

⇨ 主要特徵：頭大而圓，臉頰豐滿。吻部短、寬且呈圓形。鼻短而寬，有明顯的輪廓。被毛顏色為閃閃發亮的純白色，沒有雜毛，濃密的被毛直立，不緊貼身體。

⇨ 飼養提示：異國短毛貓性格溫順、文靜，很容易受到其他寵物的攻擊，所以不要把牠們和太有攻擊性的寵物放在一起餵養。

⇨ 附註：異國短毛貓身體結實，但性成熟期晚，要到3歲左右。

幼貓

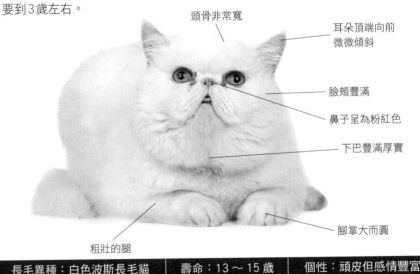

頭骨非常寬

耳朵頂端向前微微傾斜

臉頰豐滿

鼻子呈為粉紅色

下巴豐滿厚實

腳掌大而圓

粗壯的腿

長毛異種：白色波斯長毛貓	壽命：13～15歲	個性：頑皮但感情豐富

| 原產國：美國 | 品種：異國短毛貓 |
| 祖先：美國短毛貓 × 波斯貓 | 起源時間：20 世紀 60 年代 |

淡紫色貓

　　異國短毛貓體形矮胖，身體重心低，雖然是短毛貓，但是被毛略長於其他短毛貓。圓滾滾的體形看起來滑稽可愛。

⇨ 主要特徵：被毛最理想的顏色是帶粉紅色的紫灰色，整體被毛顏色深度分配均勻。

⇨ 飼養提示：異國短毛貓和波斯貓一樣，鼻子較短而且扁塌，牠們容易患淚管堵塞症，所以主人要注意做好牠們的臉部清潔工作。

⇨ 附註：異國短毛貓性情溫順、沉靜，但略比波斯貓活潑。牠們很有好奇心，而且貪玩。

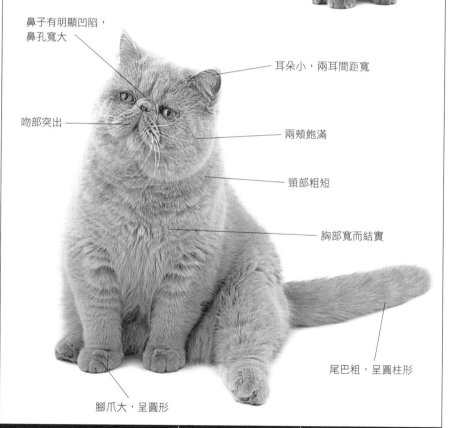

鼻子有明顯凹陷，鼻孔寬大

耳朵小，兩耳間距寬

吻部突出

兩頰飽滿

頸部粗短

胸部寬而結實

尾巴粗，呈圓柱形

腳爪大，呈圓形

| 長毛異種：淡紫色波斯長毛貓 | 壽命：13～15 歲 | 個性：頑皮但感情豐富 |

原產國：美國　　　　品種：異國短毛貓
祖先：美國短毛貓 × 波斯貓　起源時間：20 世紀 60 年代

紅色虎斑白色貓

　　最初這種紅色虎斑被稱為橙色虎斑，且不太受人們喜歡。不過現在牠們已經愈來愈受養貓者追捧。

⇨ 主要特徵：頭上有「M」形虎斑，身上有色毛區與白色毛區界限分明，輪廓清晰。

⇨ 飼養提示：有些貓對某些食物很敏感，會把牠們吐出來，主人這時一定要停止餵食。有些植物會引起貓過敏或中毒，應該把它們移走或放在貓碰不到的地方。

⇨ 附註：異國短毛貓眼睛顏色與被毛相匹配，大多為金色到古銅色，也有綠色和藍色。

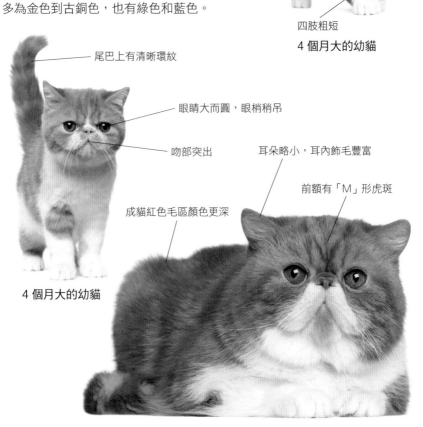

四肢粗短
4 個月大的幼貓

尾巴上有清晰環紋

眼睛大而圓，眼梢稍吊

吻部突出

耳朵略小，耳內飾毛豐富

前額有「M」形虎斑

成貓紅色毛區顏色更深

4 個月大的幼貓

長毛異種：紅色虎斑和白色波斯長毛貓　壽命：13～15 歲　個性：頑皮但感情豐富

原產國：美國　　　　　品種：異國短毛貓
祖先：美國短毛貓 × 波斯貓　起源時間：20世紀60年代

漸層金色貓

　　這種貓保留了部分捕獵的本性，其骨架粗壯、肌肉發達，被抓到的獵物根本無法逃脫。

⇨ 主要特徵：底層被毛的顏色從杏色到淺金色不一，金黃色體毛的毛尖是海豹朱古力色或黑色，構成漸層色。

⇨ 飼養提示：如果貓整天都趴在你的膝蓋上睡覺，那你應該特別注意，這樣不利於牠的健康，應該多帶牠運動。

⇨ 附註：理想的異國短毛貓給人的首要印象需要是結實的骨骼、柔和的神情、大而圓的眼睛和渾圓的線條。

頭部寬而圓

耳朵略小，耳內飾毛豐富

尾巴粗且被毛濃密

鼻子短而扁，而且寬

吻部突出

前額有「M」形虎斑

下巴豐滿

頸部粗短

四肢粗壯肥短

腳掌大而圓

長毛異種：漸層金色波斯長毛貓	壽命：13～15歲	個性：頑皮但感情豐富

原產國：美國　　　　品種：異國短毛貓
祖先：美國短毛貓 × 波斯貓　起源時間：20 世紀 60 年代

乳黃色重點色貓

　　這種貓的眼睛為藍色，大而圓，非常惹人喜愛，不過牠們還沒有得到人們的普遍認同。

⇨ 主要特徵：重點色區域的乳黃色顏色較淺或者為中等深度，與白色毛區形成鮮明對比。

⇨ 飼養提示：適當給貓修剪趾甲，可降低貓的破壞力，也不會改變牠的行為。但是貓在剪完指趾甲後不能保護自己，需要飼養在家中，不能放養。而且從貓健康的角度來説，不建議主人剪去牠們的後腳趾甲。

⇨ 附註：這種貓感情豐富，不喜歡孤獨。

頭大而圓，
臉頰豐滿

眼睛很大，為藍色

下顎發達

粗壯的腿　　胸部寬厚

被毛短而濃密

乳黃色尾巴

腳掌大而圓

長毛異種：乳黃色和白色波斯長毛貓	壽命：13 ～ 15 歲	個性：頑皮但感情豐富

原產國：美國　　　　　品種：異國短毛貓
祖先：美國短毛貓 × 波斯貓　　起源時間：20 世紀 60 年代

藍色標準虎斑貓

　　外表酷似波斯貓，唯一不同的地方是牠的被毛濃密而直立，不緊貼身體。

⇨ 主要特徵：斑紋為非常深的藍色，成塊狀，與底色形成鮮明的對比。前額「M」形虎斑清晰，兩肋腹上帶有蠔狀圖案。

⇨ 飼養提示：由於貓大多有乳糖不耐受症，無法消化牛奶，讓貓喝牛奶會導致牠的腸胃不舒服。對貓來說，貓糧是營養的第一本源，且不需其他特別補充品。

⇨ 附註：在育種期間，異國短毛貓還曾與俄羅斯藍貓及緬甸貓雜交，自1987年以來，允許與其雜交的品種被限定為只有波斯貓。

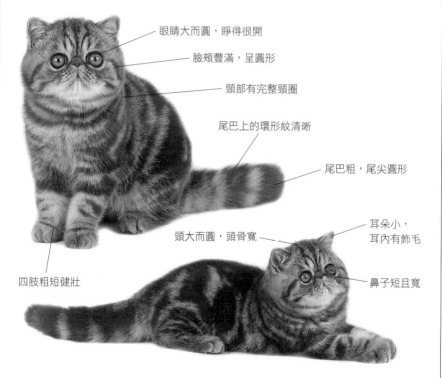

眼睛大而圓，睜得很開

臉頰豐滿，呈圓形

頸部有完整頸圈

尾巴上的環形紋清晰

尾巴粗，尾尖圓形

耳朵小，耳內有飾毛

頭大而圓，頭骨寬

鼻子短且寬

四肢粗短健壯

長毛異種：藍色標準虎斑波斯長毛貓 ｜ 壽命：13 ～ 15 歲 ｜ 個性：頑皮但感情豐富

| 原產國：美國 | 品種：異國短毛貓 |
| 祖先：美國短毛貓 × 波斯貓 | 起源時間：20 世紀 60 年代 |

黑色貓

除了毛的長度和質地外，這種貓各個方面都很像波斯貓，並且牠們的被毛長度比一般的短毛貓要稍長一些。

➪ 主要特徵：被毛為純黑色，沒有雜毛，毛色深且富有光澤，成貓的黑色沒有鐵銹色痕迹。

➪ 飼養提示：夏季是蚊、蠅、跳蚤、蜱、虱滋生繁殖的季節，主人一定要為愛貓做好防蚊、防蠅、滅虱、防蜱的工作，預防疾病發生。

➪ 附註：幼貓的毛色會略帶灰色或鐵銹色，不過在成長的過程中會逐漸消失。

雙耳間距寬，耳位稍稍向前傾斜

眼睛顏色從金色、橙色到紅銅色不一

被毛濃密厚實

胸幅寬

| 長毛異種：黑色波斯長毛貓 | 壽命：13 ～ 15 歲 | 個性：頑皮但感情豐富 |

頭部寬而圓

兩頰豐滿

耳朵小，耳尖圓形

下顎寬而有力

幼貓

鼻子有明顯凹陷

頸粗短

四肢粗短健壯

腳掌大且結實

孟加拉貓

也叫豹貓。1963年，一位加利福尼亞州的育種專家瓊·米爾買了一隻野生的亞洲豹貓，瓊·米爾用這隻豹貓與家貓雜交培育出孟加拉貓。牠們具有金色的底色和黑色的斑紋，骨架結實，身體強壯。人類對孟加拉貓的馴化時間還比較短，該品種的貓獨立性強，性情多變，有時會表現出野性的一面，牠們的捕獵能力也比其他品種的貓強。

原產國：美國	品種：孟加拉貓
祖先：亞洲豹貓交叉配種	起源時間：1963 年

豹貓

1984年，豹貓成為一種具有溫馴個性與穩定遺傳特性的新貓種，並經國際貓協會（TICA）認可為新品種的家貓。

⇨ 主要特徵：身上的斑紋不同於虎斑斑紋，很像玫瑰花瓣的形狀，隨機散布或排列成水平狀。成年公貓的顎骨寬闊，幼貓的被毛較長。

⇨ 飼養提示：由於豹貓隱藏着野性的血統，獨立性強，勉強讓牠黏在身邊只會惹來牠的反感，所以必須給牠一定的自由。

⇨ 附註：現在已經培育出紅朱古力色和深褐色的豹貓。

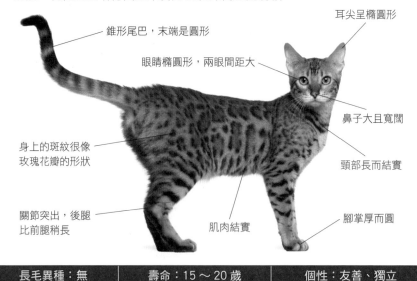

錐形尾巴，末端是圓形

眼睛橢圓形，兩眼間距大

耳尖呈橢圓形

鼻子大且寬闊

身上的斑紋很像玫瑰花瓣的形狀

頸部長而結實

關節突出，後腿比前腿稍長

肌肉結實

腳掌厚而圓

長毛異種：無	壽命：15～20 歲	個性：友善、獨立

美國短毛貓

是原產於美國的一種貓,其祖先為歐洲早期移民帶到北美洲的貓種,與英國短毛貓和歐洲短毛貓同類。該品種的貓是在街頭巷尾收集來的貓當中選種,並和進口品種雜交培育而成。美國短毛貓素以體格魁偉、骨骼粗壯、肌肉發達、生性聰明和性格溫順而著稱,是短毛貓類中的大型品種。其被毛厚密,毛色多達30餘種,銀色條紋品種尤為名貴。

| 原產國:美國 | 品種:美國短毛貓 |
| 祖先:非純種短毛貓 | 起源時間:17世紀 |

藍色貓

美國短毛貓遺傳了牠們祖先的健壯、勇敢和吃苦耐勞等特點,牠們的性格溫和且穩定,不會亂發脾氣,不喜歡亂吵亂叫。

⇨ 主要特徵:身體顏色均勻,尾巴的長度等於從肩胛骨到尾根的長度。

⇨ 飼養提示:美國短毛貓精力非常旺盛,不像其他貓總是懶洋洋的,所以家裏最好有貓爬架之類的貓玩具讓牠們消耗精力。

⇨ 附註:美國短毛貓在歐洲很罕見,但在日本頗受好評,在美國國內也較受歡迎。1966年正式為其定名,以紀念其原產地美國。

眼睛大且睜得很開

下顎較長且強壯

耳尖細圓

被毛短且厚,質地硬滑

鼻子長寬中等

頸部肌肉發達

尾巴根部粗壯

腳爪結實,呈圓形

| 長毛異種:藍色緬因貓 | 壽命:15～20歲 | 個性:獨立 |

原產國：美國　　　　品種：美國短毛貓
祖先：非純種短毛貓　　起源時間：17 世紀

銀白色標準虎斑貓

　　這是美國短毛貓中非常名貴的一個品種。牠們身體緊實、匀稱且強壯有力，胸部飽滿寬闊，腿部粗壯。

⇨ 主要特徵：頭上「M」形虎斑明顯，肩部斑紋呈蝴蝶形狀，兩肋腹上均有蠔狀毛塊，尾巴上有許多道環紋。

⇨ 飼養提示：餵養食物過量或是洗澡着涼，均能使貓免疫力降低，使體內原有的或環境中病原微生物大量繁殖或進入機體，進而引起貓發病死亡。

⇨ 附註：公貓的腮部比母貓發達，而且從各方面來說都比母貓大。這種貓完全發育成熟需要 3 ～ 5 年的時間。

頭部渾圓

眼睛為金色或紅銅色，睜得很大

被毛短而濃密

前腿筆直

| 長毛異種：銀白色標準虎斑緬因貓 | 壽命：15 ～ 20 歲 | 個性：獨立 |

頭上有「M」形虎斑

下巴結實

爪大而圓，結實、
飽滿，呈圓形

兩肋腹上蠔狀斑紋

耳根部較寬

後背平坦

加拿大無毛貓

在加拿大安大略省出生的一窩小貓中，曾有一隻無毛貓引起了培育者的興趣，於是他們開始用這隻貓來培育此品種的各種顏色。雖然名字為無毛貓，但實際上牠們並不是完全沒有毛髮，只不過那是一些短短的絨毛。由於毛髮稀疏，所以牠們對陽光十分敏感。牠們的外形頗像小狗，受很多愛貓者的追捧。這個品種目前仍屬稀有品種。

原產國：加拿大　　　　　品種：加拿大無毛貓
祖先：非純種短毛貓　　　起源時間：1966 年

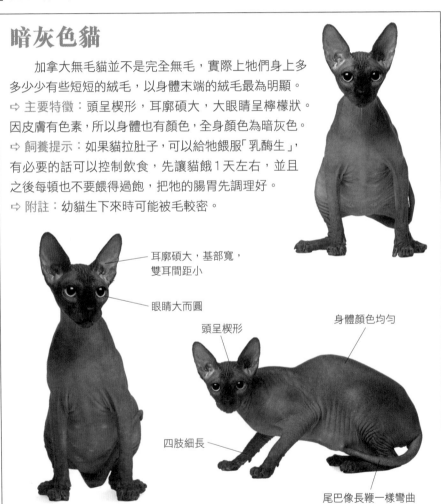

暗灰色貓

加拿大無毛貓並不是完全無毛，實際上牠們身上多多少少有些短短的絨毛，以身體末端的絨毛最為明顯。
⇨ 主要特徵：頭呈楔形，耳廓碩大，大眼睛呈檸檬狀。因皮膚有色素，所以身體也有顏色，全身顏色為暗灰色。
⇨ 飼養提示：如果貓拉肚子，可以給牠餵服「乳酶生」，有必要的話可以控制飲食，先讓貓餓 1 天左右，並且之後每頓也不要餵得過飽，把牠的腸胃先調理好。
⇨ 附註：幼貓生下來時可能被毛較密。

耳廓碩大，基部寬，雙耳間距小

眼睛大而圓

頭呈楔形

身體顏色均勻

四肢細長

尾巴像長鞭一樣彎曲

長毛異種：無	壽命：9～15 歲	個性：感情豐富

原產國：加拿大　　　品種：加拿大無毛貓
祖先：非純種短毛貓　　起源時間：1966 年

紅色虎斑貓

　　加拿大無毛貓骨架扎實，肌肉發育良好，而且有輕微的肚腩。

⇨ 主要特徵：身體基色為帶粉色的乳白色，頭部和尾部虎斑斑紋清晰。

⇨ 飼養提示：身上有寄生蟲的貓，體內也一定有寄生蟲，為了貓的健康，主人一定要及時幫牠驅蟲。

⇨ 附註：加拿大無毛貓有強烈的表現慾，在貓展中牠們永遠是眾人關注的焦點，在家中，牠們也喜歡隨時被主人關心。如果主人忽視了牠們，牠們會想方設法重新吸引主人的注意。

頭呈楔形

耳廓碩大，基部寬，雙耳間距小

前額有明顯的「M」形虎斑斑紋

眼睛大而圓

背部稍駝

尾巴上有完整的環紋

長毛異種：無	壽命：9～15 歲	個性：感情豐富

原產國：加拿大　　　　品種：加拿大無毛貓
祖先：非純種短毛貓　　　起源時間：1966 年

藍玳瑁色貓

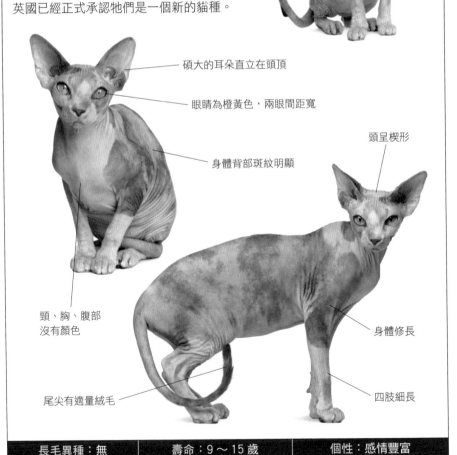

　　加拿大無毛貓不容易受到基因疾病的侵擾，因為牠們不是近親繁殖所生育的。

⇨ 主要特徵：藍色與乳黃色的膚色分佈均勻，被毛稀疏，身體末端的絨毛最為明顯。

⇨ 飼養提示：為了防止貓打擾自己睡覺，可以在睡前給貓準備好充足的食物。

⇨ 附註：據英國媒體報道，加拿大無毛貓一直被稱為貓族中的調味品，有些人很喜歡，有些人很討厭。但許多愛貓者逐漸對這種貓產生了好感，英國已經正式承認牠們是一個新的貓種。

碩大的耳朵直立在頭頂

眼睛為橙黃色，兩眼間距寬

頭呈楔形

身體背部斑紋明顯

頸、胸、腹部
沒有顏色

身體修長

尾尖有適量絨毛

四肢細長

長毛異種：無	壽命：9～15歲	個性：感情豐富

原產國：加拿大	品種：加拿大無毛貓
祖先：非純種短毛貓	起源時間：1966 年

淺紫色白色貓

　　這個品種愈年輕的貓臉部愈圓，皮膚皺紋愈多。

⇨ 主要特徵：身體背部、前額、後腿、尾巴分佈有淺紫色絨毛，身體下部及吻部為白色，頭部和尾部絨毛最明顯。

⇨ 飼養提示：每年都應該帶貓去注射疫苗，同時還要加強對貓生活、飲食的管理，增強貓的抗病能力。

⇨ 附註：加拿大無毛貓性格活潑、貪玩，獨立性強，無攻擊性，能與其他的貓、狗等寵物友好相處。牠們感情豐富，希望得到主人的專寵。

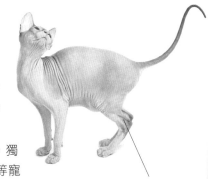

後腿比前腿稍長

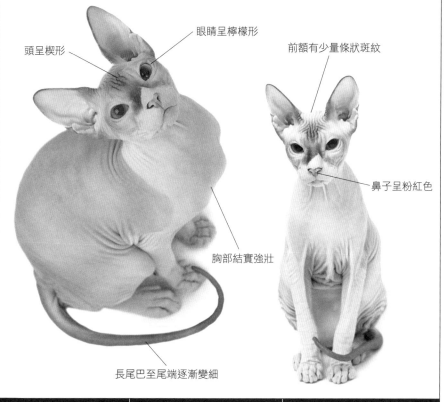

頭呈楔形

眼睛呈檸檬形

前額有少量條狀斑紋

鼻子呈粉紅色

胸部結實強壯

長尾巴至尾端逐漸變細

長毛異種：無	壽命：9～15 歲	個性：感情豐富

原產國：加拿大　　　　品種：加拿大無毛貓
祖先：非純種短毛貓　　起源時間：1966 年

藍白貓

　　加拿大無毛貓不僅以皮膚皺褶、看似無毛的外表著稱於世，而且以性情溫順、聰慧謙遜、感情細膩而聞名。牠們有笑容可掬的臉孔和一雙表情豐富的大眼睛，很受人們歡迎。

⇨ 主要特徵：皮膚多皺褶，頭部棱角分明，微呈三角形，耳廓碩大，大眼睛呈檸檬狀。

⇨ 飼養提示：這種貓多汗，所以主人要記得經常給牠洗澡。

⇨ 附註：剛生下的小貓身上有許多皺紋，並佈滿了柔細的胎毛，隨着年齡的增長，絨毛僅殘留於頭部、四肢、尾巴和身體的末端部位，其他部位基本無毛。

頭呈楔形

耳廓大

皮膚多皺褶

長尾巴至尾端逐漸變細

| 長毛異種：黑色波斯長毛貓 | 壽命：9～15 歲 | 個性：感情豐富 |

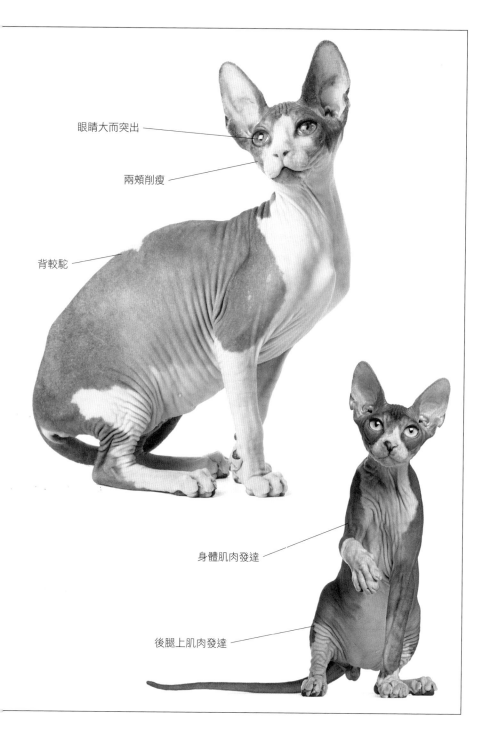

眼睛大而突出

兩頰削瘦

背較駝

身體肌肉發達

後腿上肌肉發達

原產國：加拿大　　　　品種：加拿大無毛貓
祖先：非純種短毛貓　　起源時間：1966 年

乳黃色貓

　　加拿大無毛貓形狀奇特，身體壯實，肌肉發達，胸深，背較駝，並且牠們沒有鬍鬚。

⇨ 主要特徵：身體基色為乳黃色，身上只有部分區域有少量絨毛。

⇨ 飼養提示：不要給貓吃過多含鹽食物，貓對鹽的需求量極少。如果貓長時間吃含鹽多的食物，容易患上腎炎、尿結石、腎衰竭等疾病。

⇨ 附註：加拿大無毛貓無毛的特性屬隱性基因，因此無毛貓之間只有互相交配，才能夠保證後代無毛。

耳廓碩大，耳朵直立

眼睛大而微突，呈檸檬形

頭部寬大，呈楔形

鼻周有黑色框

臉頰瘦削

尾巴細長

腳爪呈圓形

| 長毛異種：無 | 壽命：9～15 歲 | 個性：感情豐富 |

原產國：加拿大　　　　　品種：加拿大無毛貓
祖先：非純種短毛貓　　　起源時間：1966 年

朱古力色貓

　　加拿大無毛貓是各種貓展上冠軍領獎台的常客，雖然牠們已經存在了近200年，但是直到不久前才拿到英國「護照」。

⇨ 主要特徵：身體顏色為朱古力色，鼻子顏色較深，耳朵碩大，身上有明顯皺紋。

⇨ 飼養提示：加拿大無毛貓的體溫比其他貓種高4℃，因此需要不斷進食才能維持正常的新陳代謝。

⇨ 附註：這個品種目前仍然屬稀有品種，牠們的數量極少。

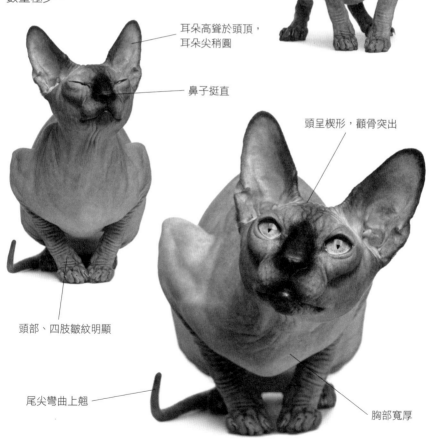

耳朵高聳於頭頂，耳朵尖稍圓

鼻子挺直

頭呈楔形，顴骨突出

頭部、四肢皺紋明顯

尾尖彎曲上翹

胸部寬厚

長毛異種：無	壽命：9～15歲	個性：感情豐富

原產國：加拿大　　品種：加拿大無毛貓
祖先：非純種短毛貓　起源時間：1966 年

藍色貓

　　加拿大無毛貓除了在耳、口、鼻、尾、爪等部位有
些又薄又軟的胎毛外，其他部分一般無毛，皮膚多皺，
有彈性。

⇨ 主要特徵：身體顏色為中等深度的純藍色，大耳
朵直立在頭頂。

⇨ 飼養提示：貓懷孕時，貓糧要換
為哺乳期和孕期的專門貓糧，同時
可以將鈣片、營養片搗碎拌進貓糧，
以增加鈣質。

⇨ 附註：母貓每年發情不超過 2 次，幼貓出生死
亡率高。新生小貓的皮膚褶皺多，脊背上的毛會隨
着年齡的增長而消失。

頭部略寬，呈楔形

耳廓碩大，耳朵
稍微前傾

臉頰瘦削

眼睛稍微外突

腳爪大，呈橢圓形

臉、耳、腳和尾巴
長有細小絨毛

尾巴細長

| 長毛異種：無 | 壽命：9～15 歲 | 個性：感情豐富 |

原產國：加拿大　　　品種：加拿大無毛貓
祖先：非純種短毛貓　起源時間：1966 年

淺銀灰色貓

　　加拿大無毛貓現在已經培育出了各種顏色和斑紋的貓。
無論哪種貓，牠們眼睛的顏色應與體色相稱。

⇨ 主要特徵：頭部、四肢、尾巴及背部泛有銀灰色光
澤，身體下部幾乎為白色。

⇨ 飼養提示：給貓剪趾甲之前的一段時間，主人在平
常撫摸貓時要有意識地握住牠們的前爪，並
輕輕捏弄，讓貓習慣主人對前爪的抓握，
這樣牠就不會再抗拒主人剪趾甲。

⇨ 附註：加拿大無毛貓被毛極少，這就意味着牠們
不僅怕冷，也怕熱，而且身體的白色部位容易曬黑。

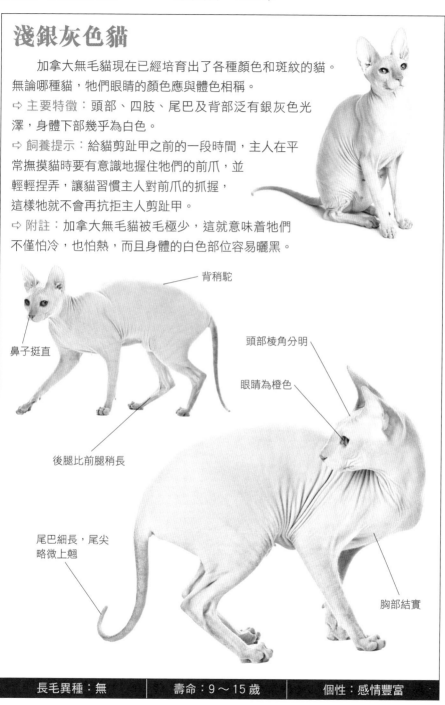

背稍駝

頭部棱角分明

眼睛為橙色

鼻子挺直

後腿比前腿稍長

尾巴細長，尾尖
略微上翹

胸部結實

長毛異種：無	壽命：9～15 歲	個性：感情豐富

奧西貓

奧西貓兼具野生貓的精悍和家貓的沉穩。牠們是20世紀50年代的後半期開始，由美國的飼養家們以阿比西尼亞貓為基礎，和暹羅貓、美國短毛貓交配培育的成果，是比較新的品種。早在1964年，牠們就出現在展會上，其注目者很多，但反對者也不少。此後又經過10年的血統管理，終於被公認。牠們友善而機警，是很好的家庭寵物。

原產國：美國　　　　　　品種：奧西貓
祖先：暹羅貓 × 阿比西尼亞貓　起源時間：1964 年

普通貓

奧西貓既不算粗壯也不像東方貓那般苗條，屬中等體形。除尾尖以外，整個被毛上都帶有條紋，全身有明顯的斑點圖案。

⇨ 主要特徵：眼睛、下巴、下顎和身體下方顏色較淺，頭、腿和尾巴上的斑紋顏色較深。

⇨ 飼養提示：奧西貓感情豐富，不能忍受孤獨，因此主人要多抽時間陪伴牠，也可為牠找一個玩伴。

⇨ 附註：在脫毛期，牠們身上的斑點圖案會變得不清晰。新生幼貓外貌像小豹。

幼貓

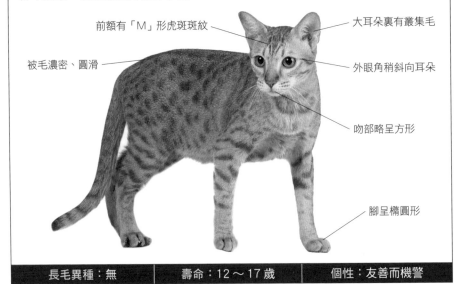

前額有「M」形虎斑斑紋

大耳朵裏有叢集毛

被毛濃密、圓滑

外眼角稍斜向耳朵

吻部略呈方形

腳呈橢圓形

| 長毛異種：無 | 壽命：12～17歲 | 個性：友善而機警 |

朱古力色貓

　　牠們的體形和阿比西尼亞貓相似，有着堅硬的骨骼和強韌的筋肉，並且體態優雅，相貌不凡，很有魅力。

⇨ 主要特徵：強壯有力，體形較大。除尾尖以外，全身皆佈滿富光澤的朱古力色斑紋。眼睛不是藍色。

⇨ 飼養提示：貓不像人類那樣容易出汗，所以不需要經常洗澡，夏季每月2次，冬季每月1次就夠了。

⇨ 附註：奧西貓體形大且充滿重量感，其成貓體重達到5 ～ 7千克。

大耳朵裏有叢集毛

外形強壯有力

側腹平坦

全身佈滿清晰的斑點

前額有「M」形虎斑斑紋

四肢佈滿斑紋

尾巴略長，根部較粗

| 長毛異種：無 | 壽命：12～17歲 | 個性：友善而機警 |

原產國：美國　　　　　品種：奧西貓
祖先：暹羅貓 × 阿比西尼亞貓　　起源時間：1964 年

銀白色貓

　　充滿野性氣質的斑點，配上友善機警
的個性，他們受很多愛貓者的追捧。

⇨ 主要特徵：腿部、臉部和尾部的斑紋顏色較
深，頸周圍和腿上的線紋斷裂成為斑點。

⇨ 飼養提示：奧西貓充滿野性，不喜歡一直悶在家
裏，最好飼養在有庭院或環境寬敞的地方。

⇨ 附註：1988 年，TICA（國際貓協會）為之公布了品
種標準，現在不再允許阿比西尼亞貓和該品種雜交。

眼睛大，呈杏形

下顎強壯

被毛短而平滑

尾巴較長

幼貓

前額有「M」形虎斑斑紋

自眼角延伸至臉頰的眼線

四肢健壯

長毛異種：無	壽命：12 ～ 17 歲	個性：友善而機警

塞爾凱克捲毛貓

1987年,第一隻擁有捲毛基因的貓被育種專家捷瑞·紐曼發現,喜愛研究遺傳基因的他將這隻貓跟波斯貓異種交配,培育出第一隻塞爾凱克捲毛貓。之後又經10多年的配種改良,牠們終於在2000年被CFA(國際愛貓聯合會)認可。塞爾凱克捲毛貓活潑好動,貪玩,喜歡與人親近,其聲線柔弱,給人溫文馴和的感覺,是理想的伴侶。

原產國:美國　　　　品種:塞爾凱克捲毛貓
祖先:非純種短毛貓　　起源時間:1987年

玳瑁色白色貓

在參展評判時,賽爾凱克捲毛貓被毛的品質比顏色更重要,顏色基本不受限制,但是清晰度要高。

⇨ 主要特徵:白色毛區主要分佈在身體下部。身上玳瑁圖案清晰,可以分佈在被毛的任何位置。臉上多有斑紋。

⇨ 飼養提示:不能給貓吃太鹹或太油的食物,貓最好的食物就是天然貓糧、蒸雞胸肉和蒸小魚等,如果要使貓的毛髮更有光澤,可以給貓餵三文魚或海藻。

⇨ 附註:參展評判時,該品種的貓要求眼睛的顏色和被毛顏色相配。

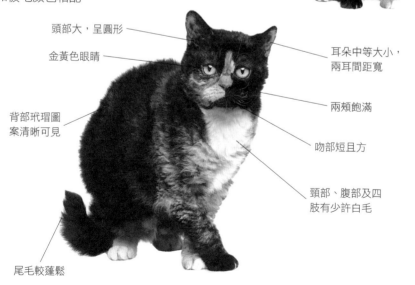

- 頭部大,呈圓形
- 金黃色眼睛
- 耳朵中等大小,兩耳間距寬
- 兩頰飽滿
- 背部玳瑁圖案清晰可見
- 吻部短且方
- 頸部、腹部及四肢有少許白毛
- 尾毛較蓬鬆

長毛異種:玳瑁白色長毛塞爾凱克捲毛貓	壽命:13～18歲	個性:友善

原產國：美國　　　　品種：塞爾凱克捲毛貓
祖先：非純種短毛貓　　起源時間：1987 年

淡紫色貓

　　塞爾凱克捲毛貓被毛的捲曲程度和氣候、季節、性激素水平相關，對於雌貓來説尤其如此。母貓比公貓略小，但不會影響美觀。

⇨ 主要特徵：捲曲的毛髮覆蓋全身，呈波浪狀，被毛顏色為帶粉紅的淺灰色。

⇨ 飼養提示：如果要帶貓出門，請盡量為他們戴上項圈，因為換到一個陌生的環境，貓會不習慣，有時會引起不必要的麻煩。

⇨ 附註：幼貓出生時被毛就呈捲曲狀，但這些毛在約6個月大時會脫落，要到8～10個月大時，才能真正長出獨特的厚密捲毛。

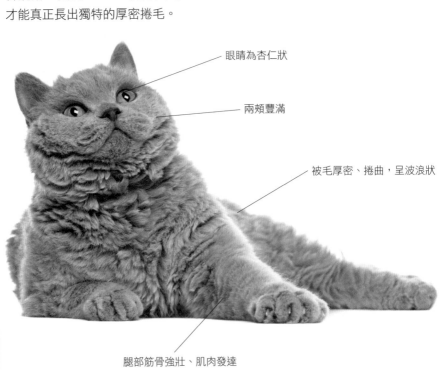

眼睛為杏仁狀

兩頰豐滿

被毛厚密、捲曲，呈波浪狀

腿部筋骨強壯、肌肉發達

長毛異種：淡紫色長毛塞爾凱克捲毛貓	壽命：13～18 歲	個性：友善

頭大且圓

耳朵間距大

頸部粗短

耳內有飾毛

腳爪大而圓

尾巴粗，尾尖為圓形

白色貓

　　在培育中，牠們可以和其他品種進行異種雜交，比如和英國、美國及外來種短毛貓交配，但是不允許和柯尼斯捲毛貓、德文捲毛貓交配。

⇨ 主要特徵：被毛捲曲豐富，外層護毛較粗糙，底層絨毛、芒毛和鬍鬚都呈捲曲狀。

⇨ 飼養提示：給貓洗澡時一定要沖洗乾淨，不要讓洗液過多地殘留在貓的毛髮上，那會造成貓皮膚的不適。

⇨ 附註：賽爾凱克捲毛貓的捲毛基因不呈顯性遺傳，所以有時會生出賽爾凱克直毛貓。

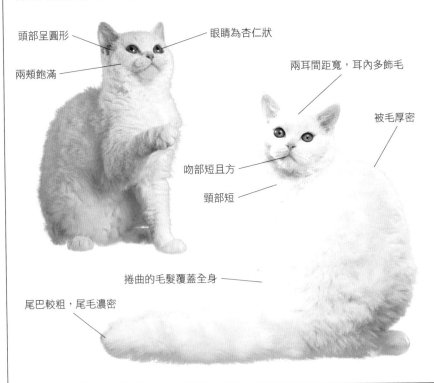

頭部呈圓形

眼睛為杏仁狀

兩頰飽滿

兩耳間距寬，耳內多飾毛

被毛厚密

吻部短且方

頸部短

捲曲的毛髮覆蓋全身

尾巴較粗，尾毛濃密

長毛異種：白色長毛塞爾凱克捲毛貓	壽命：13～18 歲	個性：友善

原產國：美國　　　　　品種：塞爾凱克捲毛貓
祖先：非純種短毛貓　　起源時間：1987 年

藍灰色貓

　　牠們屬體形大、骨架重的品種，四肢壯健，肌肉發達，身體顯得有些胖。

⇨ 主要特徵：被毛顏色為藍灰色，頭部和四肢的顏色要淺一些，頸部多有一小塊白色的「圍兜」。

⇨ 飼養提示：塞爾凱克捲毛貓非常活躍，能與其他貓或狗相處融洽。牠們還很溫順，適合有孩子的家庭飼養，牠們會是孩子的好夥伴。

⇨ 附註：鼻子顏色較深，和頭上被毛顏色形成鮮明對比。

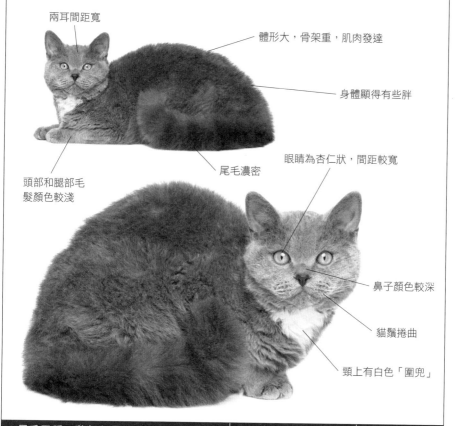

兩耳間距寬

體形大，骨架重，肌肉發達

身體顯得有些胖

尾毛濃密

眼睛為杏仁狀，間距較寬

頭部和腿部毛髮顏色較淺

鼻子顏色較深

貓鬚捲曲

頸上有白色「圍兜」

長毛異種：藍灰色長毛塞爾凱克捲毛貓	壽命：13～18 歲	個性：友善

原產國：美國　　　　品種：塞爾凱克捲毛貓
祖先：非純種短毛貓　起源時間：1987 年

藍白色貓

　　塞爾凱克捲毛貓有一個很大的優勢，牠們自發性突變導致每根毛髮都有溫和的捲曲度，整體外觀給人一種柔軟的感覺。

⇨ 主要特徵：藍色毛區和白色毛區界限分明，輪廓清晰，顏色對比明顯，被毛圖案對稱的為佳品。

⇨ 飼養提示：給捲毛貓過度梳理毛髮，會使牠們的毛髮變直。因此不宜每天都給捲毛貓梳理毛髮，一般 3 ～ 5 天梳理一次即可。

⇨ 附註：這種貓感情豐富，可以成為人們很好的夥伴，非常適合公寓生活。

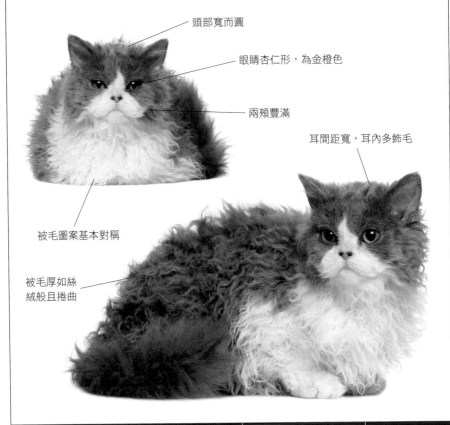

頭部寬而圓

眼睛杏仁形，為金橙色

兩頰豐滿

耳間距寬，耳內多飾毛

被毛圖案基本對稱

被毛厚如絲絨般且捲曲

長毛異種：藍白色長毛塞爾凱克捲毛貓	壽命：13 ～ 18 歲	個性：友善

曼赤肯貓

　　曼赤肯貓是自然演變出來的侏儒品種貓,四肢肥短,站着也像蹲着一樣,走起路來就像在匍匐前進,憨態可掬,十分可愛。學者研究發現,短腿的現象是由於牠們顯性基因的突變影響了腿的長骨,這樣明顯的突變自然發生在貓類的基因庫裏,有這種基因的貓將會顯示出短腿的特徵。

原產國:美國	品種:曼赤肯貓
祖先:非純種本地貓	起源時間:20 世紀 90 年代

淡紫色貓

　　曼赤肯貓外表可愛迷人,聰明伶俐,性格外向,非常貪玩,目前已經愈來愈受愛貓人士追捧。

⇨ 主要特徵:頭部大小中等,略帶圓形。臉頰較寬,眼睛為大大的胡桃形,眼尾稍往上吊,幼貓的眼睛更圓一些。被毛顏色為略帶粉紅色的淺灰色。

⇨ 飼養提示:短腿並不會對貓的健康造成不良影響,主人唯一要注意的是要好好控制牠們的體重,不可養得過胖,否則貓容易出現疝氣,同時也會增加牠們患關節炎的風險。

⇨ 附註:雖然四肢肥短,但這完全不影響曼赤肯貓的日常生活。

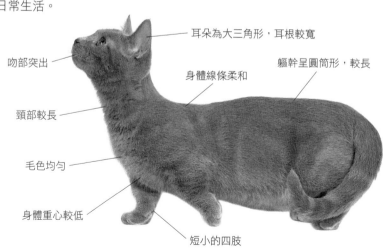

吻部突出

頸部較長

毛色均勻

身體重心較低

耳朵為大三角形,耳根較寬

身體線條柔和

軀幹呈圓筒形,較長

短小的四肢

長毛異種:淡紫色曼赤肯長毛貓　　壽命:13 ～ 18 歲　　個性:活潑、好奇

原產國：美國　　　　品種：曼赤肯貓
祖先：非純種本地貓　　起源時間：20 世紀 90 年代

海豹色重點色貓

　　曼赤肯貓是健康快樂的貓種，海豹重點色貓的幼崽有着非常可愛逗趣的外形。

⇨ 主要特徵：重點色是深海豹褐色，鼻子也是深海豹褐色。耳朵為三角形，如豎耳傾聽似的豎立在頭部兩端。

⇨ 飼養提示：曼赤肯貓有喜鵲一樣的習性，牠們常常到處搜集一些小小的、閃亮的東西，然後找個地方藏起來以供日後玩樂。牠們有很強的好奇心，會探索家裏的任何地方。主人要對牠們的這些小心思頗加容忍，因為牠們只是比較愛玩而已。

⇨ 附註：成年貓被毛的顏色比幼貓深。

大三角形耳朵豎立在頭頂

尾呈錐形，根部較粗

幼貓的頭部顯得很大

身體重心低

| 長毛異種：海豹重點色曼赤肯長毛貓 | 壽命：13～18 歲 | 個性：活潑、好奇 |

圓圓的大眼睛

表情可愛逗趣

成年貓

毛色潤澤、觸感光滑

臉頰較寬

腳掌圓而整齊

幼貓

拉波貓

也叫「電燙捲貓」，1982年在美國俄勒岡州一個農場裏出生。其中一隻出生時沒有一根毛，當牠長出絨毛時，與普通小貓相像，只是耳距稍大。之後，牠的被毛逐漸變得捲曲。最初，並沒有人意識到這是基因突變引起的。但此後，隨着擁有捲曲被毛的小貓數量的增多，人們意識到了牠們的特殊，並開始有選擇性地配種繁殖。

| 原產國：美國 | 品種：拉波貓 |
| 祖先：非純種短毛貓 | 起源時間：1982年 |

啡色貓

拉波貓是基因突變的產物，牠們不僅外表美麗獨特，而且感情豐富，很受愛貓者的喜愛。

⇨ 主要特徵：被毛顏色為深啡色，身體下部毛色較淺。被毛捲曲明顯，呈波浪狀。

⇨ 飼養提示：如果貓得了貓癬，可給牠服用灰黃黴素，每日2～3次分服，服用3～4周。治療期間每天在貓食中添加4毫升左右植物油。

⇨ 附註：拉波貓捲毛的基因是顯性的，所以可以在合理增加捲毛貓數量的前提下，利用雜交的辦法來擴大基因庫。

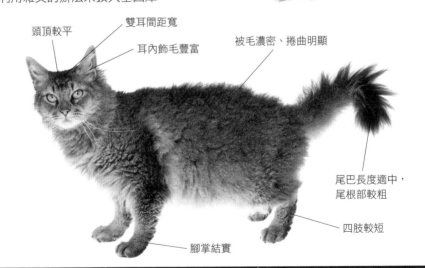

頭頂較平

雙耳間距寬

耳內飾毛豐富

被毛濃密、捲曲明顯

尾巴長度適中，尾根部較粗

四肢較短

腳掌結實

| 長毛異種：無 | 壽命：12～15歲 | 個性：活潑、好奇心強 |

原產國：美國　　　　　品種：拉波貓
祖先：非純種短毛貓　　起源時間：1982 年

乳黃暗灰色虎斑貓

　　拉波貓外形獨特，被毛濃密捲曲，毛質手感柔和，現在已經愈來愈多受愛貓者的追捧。

⇨ 主要特徵：被毛捲曲，呈明顯的波浪狀，頸部被毛尤為捲曲。前額和四肢有虎斑斑紋。

⇨ 飼養提示：拉波貓比較怕冷，特別是幼貓。因此要在家裏為牠們準備一個溫暖的小窩，平時也要做好貓的保暖工作。

⇨ 附註：拉波貓機靈頑皮，對人很熱情。

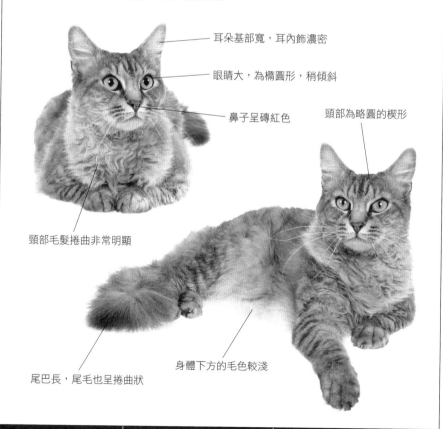

耳朵基部寬，耳內飾濃密

眼睛大，為橢圓形，稍傾斜

鼻子呈磚紅色

頭部為略圓的楔形

頸部毛髮捲曲非常明顯

尾巴長，尾毛也呈捲曲狀

身體下方的毛色較淺

長毛異種：無	壽命：12～15 歲	個性：活潑、好奇心強

原產國：美國　　　　品種：拉波貓
祖先：非純種短毛貓　　起源時間：1982年

玳瑁色白色貓

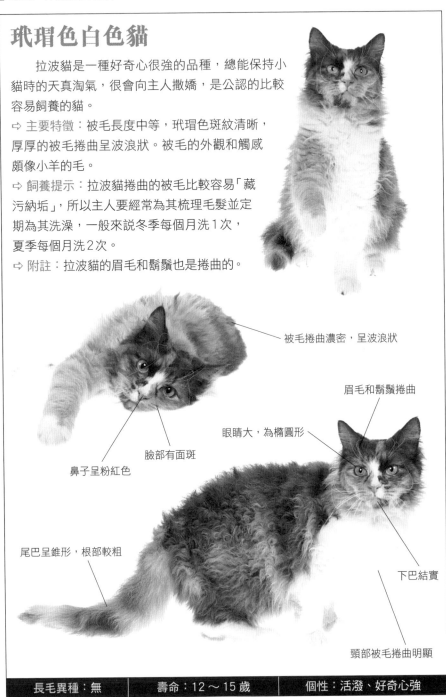

　　拉波貓是一種好奇心很強的品種，總能保持小貓時的天真淘氣，很會向主人撒嬌，是公認的比較容易飼養的貓。

⇨ 主要特徵：被毛長度中等，玳瑁色斑紋清晰，厚厚的被毛捲曲呈波浪狀。被毛的外觀和觸感頗像小羊的毛。

⇨ 飼養提示：拉波貓捲曲的被毛比較容易「藏污納垢」，所以主人要經常為其梳理毛髮並定期為其洗澡，一般來説冬季每個月洗1次，夏季每個月洗2次。

⇨ 附註：拉波貓的眉毛和鬍鬚也是捲曲的。

被毛捲曲濃密，呈波浪狀

眉毛和鬍鬚捲曲

眼睛大，為橢圓形

臉部有面斑

鼻子呈粉紅色

尾巴呈錐形，根部較粗

下巴結實

頸部被毛捲曲明顯

長毛異種：無	壽命：12～15歲	個性：活潑、好奇心強

附錄 名詞解釋

CFA
CFA（The Cat Fanciers' Association）是世界愛貓聯合會的簡稱，這是一個成立於1906年的國際性組織，是世界上最大的貓迷團體，以推廣血統貓的發展和保障全體家貓的福利為目標。

純種貓
父母是同一種貓，沒有與其他種類的貓混雜交配過，經過多代有計劃的配種培育而成的貓。

雜交
用不同品種交配來培育後代的過程。

鴛鴦眼
也稱怪眼，通常出現在白貓身上，指兩隻眼睛的顏色不同。

白化貓
沒有任何顏色的貓，看上去是純白色，眼睛為淺粉紅色，且視力很不好。

耳內飾毛
耳朵裏面或耳朵內側長的毛。

吻部
由貓的鼻子和嘴巴構成。

連指手套
布偶貓前腳上的白毛。

毛尖色
毛髮末端的顏色。

外來貓
外形苗條、骨骼精細的貓。

混種貓
在台灣被稱之為米克斯貓，是各種不同品系雜交後的後代，種類有很多的變化。

凱米爾色
尖端為乳黃色或紅色的毛。

條紋
虎斑貓的條狀紋，但在單色貓身上出現則被視為缺陷。

虎斑貓
擁有條紋、點狀或漩渦狀斑紋的貓，通常額頭上有「M」形標記。

楔形頭
形容暹羅貓及類似品種貓的頭型。

隱性基因
遺傳時有時不顯現的基因。

頸圈
頸部周圍的深色斑紋，有時會不完整。

梵貓
全身顏色為白色，只有尾巴和頭部有顏色的貓。

斷痕
也叫鼻凹陷，是鼻子外形上的一種變化。

乳色
一種比較暗淡的顏色，類似卡其色。

白鑲
有橙紅色或紫銅色眼睛的暗銀色貓。

發情期
母貓的繁殖期。

噴灑尿液
未閹割過的公貓以尿液圈出自己領域的習性。

魚骨狀斑紋
虎斑貓身上的一種像魚骨架的特別圖案。

貓屋
培養和飼養貓的地方,通常前面會加上貓的品種名稱。

眼線
接近眼睛的深色條紋。

玳瑁貓
身上有黑色與或深或淺的紅色區的貓。

海豹色
深褐色,通常用來形容暹羅貓的色點。

血統
具有遺傳或品種關係的貓。

育種母貓
未做過絕育手術、用來繁殖的母貓。

扭尾
是指尾巴上的一種缺陷,常見於東方貓和暹羅貓身上。

雜色
由兩種或多種顏色組成的被毛。

咬合
指貓的雙顎能緊密貼合。

花斑貓
美國人對玳瑁白色貓的稱呼。

染色體
細胞核內成對的線狀結構,帶有遺傳基因。

毛領圈
頸部四周較長的毛。

羽狀
尾尖毛髮蓬鬆,像羽毛一樣散開,一般用於指長毛貓。

科
在分類學上介於目與屬之間。

芒毛
較粗糙的次級毛,毛尖較粗。

金吉拉
指體毛毛尖上的顏色,毛尖以外的部分是淺色或白色。

蹼足
腳趾趾間有較完整的蹼相連,是彼得禿貓的一大特點。

品種
有特定類似的外貌和血緣關係的貓。

掌墊
腳底沒有毛的地方。

異種交配
兩個不同品種的貓進行交配。

認可
被貓協會所接受為一個新品種。

環紋
虎斑貓或斑點貓身上出現的完整或不完整的圓圈狀斑紋,一般在頸部、四肢和尾巴上。

突變
基因的變化，會引起小貓外貌上的意外變化，使其與父母有所不同。

雜色毛
被毛中出現的零星顏色不符的毛。

內層毛
短而柔軟的次級毛。

種貓
用來繁殖的公貓。

鐵銹色
黑貓被毛上的紅啡色。

窩仔
母貓一次所生的小貓。

後膝關節
貓後腿上的膝關節。

評分標準
貓展中評判貓的記分標準。

黑色素
是貓皮膚或者毛髮中存在的一種黑色的色素。

淡斑紋
常見於幼貓身上的少許淡虎斑。

淡紫色
稍帶粉紅色的淺灰色。

東方貓
骨骼小巧、身形苗條、外觀具有東方韻味的貓。

臉色
重點色貓臉上的深色系。

頂層被毛
由護毛構成的毛髮。

頸垂肉
頰皺，常見於成熟、未閹割的公貓。

暖色調
橙紅、黃色以及紅色一類總是和溫暖、熱烈等相聯繫的色系。

腕墊
前爪腕上的肉墊。

三眼皮
土耳其安哥拉貓的獨特特徵，張開眼睛時，第三眼皮會稍微遮蓋住眼睛。

吊梢眼
貓的眼睛末端稍微傾斜向耳朵。

脫毛
被毛的脫落，與季節有關。

顯性基因
基因學術語，描述雙親中一方遺傳後代的特徵。

鞭形尾
長而細的錐形尾巴。

絨毛
是毛皮、毛被中最細短、柔軟，數量最多的毛。

外形
貓的大小和形狀。

重點色
貓身上顏色較深的部分，如頭、耳、腳掌、尾巴和腿。

異種雜交
沒有血緣關係或不同品種之間的交配。

歸野貓
恢復野生生活的家貓。

豎立的
形容貓耳朵豎直。

近親繁殖
貓在近親之間進行的繁殖行為，一般交配雙方在3代內有共同祖先。

遺傳
貓親代與子代之間、子代個體之間相似的現象，在遺傳學上指遺傳基因從上代傳給後代的現象。

雙層被毛
短而柔軟的底層被毛上有粗而長的頂層被毛。

銀灰色
淺灰略帶銀色光澤的顏色。

條紋毛色
毛上有顏色的條紋。

先天性
非遺傳、出生便具有的特點。

山貓重點色貓
美國對虎斑重點色貓的稱呼。

外層被毛
較長的護毛。

鉛筆線
鉛筆痕狀的深色細線，常見於虎斑貓中。

紫貂色貓
美國對啡色緬甸貓的稱呼。

土貓
各國本土的、品種繁雜的貓。

脊柱裂
一種脊柱疾病。

醜貓
美國對梵貓的稱呼。

香檳色貓
美國對淡紫色東奇尼貓和褐色緬甸貓的稱呼。

喜馬拉雅圖紋
身體末端顏色較深的色系，會隨體溫變化。

緬因貓

179 隻純種貓的特徵習性

主編
劉鋭

責任編輯
周宛媚

封面設計
鍾啟善

排版
辛紅梅　劉葉青

出版者
萬里機構出版有限公司
香港北角英皇道 499 號北角工業大廈 20 樓
電話：2564 7511　傳真：2565 5539
電郵：info@wanlibk.com
網址：http://www.wanlibk.com
　　　http://www.facebook.com/wanlibk

發行者
香港聯合書刊物流有限公司
香港荃灣德士古道 220-248 號荃灣工業中心 16 樓
電話：2150 2100　傳真：2407 3062
電郵：info@suplogistics.com.hk

承印者
中華商務彩色印刷有限公司
香港新界大埔汀麗路 36 號

出版日期
二〇一九年十二月第一次印刷
二〇二三年七月第二次印刷